呆呆鸟

儿童编程

——在游戏中学习

王向辉　陈　峰　编著

U0394275

清华大学出版社

北京

内 容 简 介

本书介绍了基于C#语言的代码编程方法。针对6~16岁的儿童，将枯燥的代码编程转变为86个有趣的游戏关卡，让儿童在探索中学习编程知识。书中所涉及的编程内容包括命令、函数、循环、判断、算法、变量、属性、初始化、参数和数组等，全面覆盖儿童编程所需掌握的知识点。

图书在版编目（CIP）数据

呆呆鸟儿童编程：在游戏中学习 / 王向辉，陈峰编著. —北京：清华大学出版社，2021.7
ISBN 978-7-302-58688-3

Ⅰ. ①呆…　Ⅱ. ①王…②陈…　Ⅲ. ①程序设计 – 儿童读物　Ⅳ. ① TP311.1-49

中国版本图书馆 CIP 数据核字（2021）第 142615 号

责任编辑：袁勤勇　杨　枫
封面设计：杨玉兰
责任校对：李建庄
责任印制：朱雨萌

出版发行：清华大学出版社
　　　　网　　　址：http://www.tup.com.cn, http://www.wqbook.com
　　　　地　　　址：北京清华大学学研大厦 A 座　　　邮　　编：100084
　　　　社 总 机：010-62770175　　　　邮　　购：010-83470235
　　　　投稿与读者服务：010-62776969, c-service@tup.tsinghua.edu.cn
　　　　质量反馈：010-62772015, zhiliang@tup.tsinghua.edu.cn
　　　　课件下载：http://www.tup.com.cn, 010-83470236
印 装 者：小森印刷（北京）有限公司
经　　销：全国新华书店
开　　本：170mm×235mm　　　印　　张：23.75　　　字　　数：411 千字
版　　次：2021 年 9 月第 1 版　　　印　　次：2021 年 9 月第 1 次印刷
定　　价：89.00 元

产品编号：093062-01

前　言

时代在发展，社会在进步，人类文明在演化。孩子是父母的希望，更是国家未来的栋梁。在当今充满科技感的时代，孩子要学习的是一种思维，一种发现、探索、创新的思维，这种思维从孩童时期就要进行培养，无论以后从事何种工作，这种思维都会让他们终身受益。

在日常生活中，充满着各种"智慧"，如智慧城市、智慧社区、智慧校园等，真正的智慧是人类的大脑和人类的创造力。孩子们是未来智慧的核心，他们将继承前人的智慧，并创造出新的智慧，为了让他们在未来能够更好地运用智慧，需要尽早地让他们学习并使用编程思维。

在当今儿童启蒙教育环境中，有两种主流的编程教学方法。一种是可视化编程，另一种是代码编程。可视化编程又叫作"积木"编程，通过搭积木的方法来教孩子们编程。可视化编程对于低龄儿童的早期启蒙，具有直观、简单、易于理解等优点。但其缺点也非常突出，不适合处理复杂的逻辑，当学习到一定程度后就难以继续提高。代码编程较为传统，会略显枯燥、不易理解，但这种方式更加锻炼逻辑思维能力，并可以用来解决生活中遇到的实际问题。从目前的趋势上看，代码编程仍是未来很长一段时间内的主流编程方式。

本书介绍的编程方式属于代码编程，不同之处是本书将枯燥的编程过程转变为有趣的游戏，将编程语法、规则和思维融入86个游戏关卡之中，让孩子在探索中学会编程知识。本书所用的是 C# 语言，这是一种高效、强大的面向对象的高级编程语言，被应用于当今主流的工程研发、游戏开发和人工智能等领域。本书编程内容涉及命令、函数、循环、判断、算法、变量、属性、初始化、参数和数组等，全面覆盖儿童编程需要掌握的知识点。

参与本书编写和校对工作的还有李玉磊、杨越、赵鑫鑫、吴尚泉和赵欣，这里对他们辛苦的工作表示由衷的感谢。

配合本书使用的编程开发环境"呆呆鸟儿童编程（儿童版）"可以在其官网下载，授权激活码可以刮开本书封底的刮刮卡获取。

　　从现在开始，让我们一起创造一个属于儿童的编程世界，让他们以编程的思维去探索、去创造属于自己的智慧人生。

编者

2021 年 6 月

目　录

第1章
代码编程

代码编程是人类智慧的结晶，代码好比人类与计算机交流的语言，编程是将人类处理问题的思路和方法以计算机能够理解的方式告诉计算机，让计算机按照人的指令一步一步地进行工作。代码编程让计算机为人类服务，帮助人们完成一些复杂、重复的工作，人类就可以有更多的时间来思考新的知识和探索未知领域。

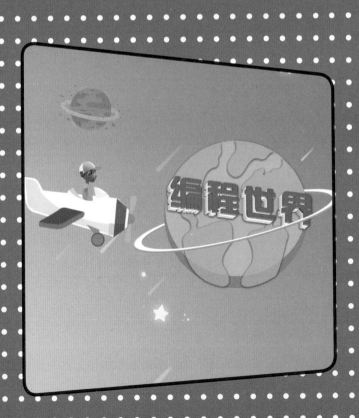

1.1 什么是编程

编程就是编写程序的简称,通过编写"代码"来控制计算机执行特定的命令。代码由单词和数字组成,表达着某种特定的逻辑。

```
for( int i= 0；i<10;i++)
{
 move();
 if (isMoveBlock == false)
 {
 left();
 }
}
```

图 1.1 代码示例

图 1.1 中代码表达的逻辑是"控制主角向前走 10 步,每走 1 步都检查前方是否能够继续前进,如果不能则向左转"。

老师,这里的代码好难懂呀。

这些代码对大家来说可能有些难,这里不用纠结代码的知识细节,只要对代码有个感性的认识就可以了。

那么,代码能做什么用呢?

同学们不要着急,下面老师就来介绍编程能做什么,能解决什么问题?

1.2 编程能做什么

编程可以给大家的生活带来很多便利，例如可以在手机上购物，选择喜欢的书本或玩具，然后下单购买这些喜欢的商品。

除了购物，还可以利用聊天软件，给自己的朋友发送文字、语音或照片；使用视频软件，看最新的资讯和信息。这些都是编程给大家在生活方面带来的改变，编程对科学技术的发展也有着巨大的影响。

在无人机领域，编程可以帮助无人机自主飞行，让无人机具有自动飞行、自动分析地面数据、自动追踪物体的功能。

在人工智能领域，编程可以让机器人具有思考的能力，让机器人可以协调地控制自己的手臂和关节，探索人类无法到达的未知世界。

在生物领域，编程可以帮助人们分析病毒结构，推演病毒的致病过程，从而研制出抵抗这些病毒的药物。

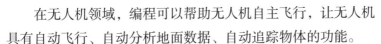

1.3 代码编程的优势

可视化编程是低龄儿童的早期编程启蒙工具，具有语法简单、便于理解等优点。其缺点也非常明显，难以表达复杂的逻辑关系，而且不能在实际环境中使用。

虽然代码编程是较为传统的编程方式，但这种编程方式仍是未来很长一段时间内的主流编程方式。代码编程能够最自然地表达解决问题的方法和思路，不仅能解决生活中遇到的实际问题，还为以后编程课程的学习打下良好的基础，二者对比如图1.2所示。

本书使用的代码语言是C#语言，它是一种高效、强大的高级编程语言。C#语言被广泛应用在游戏编程、网站编程和竞赛编程等领域。

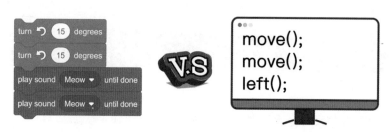

可视化编程　　**代码编程**

图 1.2　可视化编程与代码编程

1.4　编程平台

老师，介绍这么多，我已经跃跃欲试了。

大家只要有一台连接互联网的计算机，代码编程之旅就可以开始了。

太好了，我已经准备好了。

　准备工作

　　首先，要下载并安装呆呆鸟编程（儿童版）客户端。下载方法是在浏览器的地址栏中输入客户端的下载地址：http://www.ddncode.com/download/。打开下载页面后，根据使用的操作系统下载对应的 Windows 版本或 Mac 版本的客户端，如图 1.3 所示。

　　安装并启动客户端，当看到如图 1.4 所示的页面，就表示准备工作已经完成了。

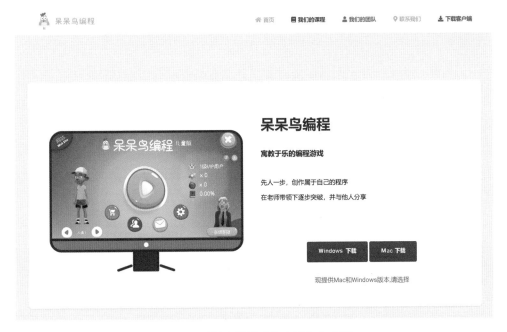

图 1.3 呆呆鸟编程（儿童版）客户端

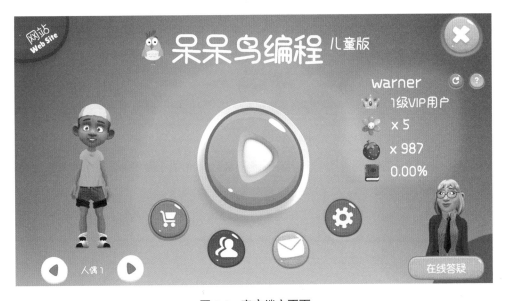

图 1.4 客户端主页面

图 1.4 是客户端的主页面，可以在这里更换不同类型的主角人偶，也可以在这里进入有真人老师的"在线答疑"。单击中心位置的开始按钮，就可以进入各个章节的关卡，开始代码编程的冒险之旅。

编程开发环境

编写代码和调试代码主要是在编程开发环境中进行的。编程开发环境不仅可以编写代码，还提供了代码错误提示和运行结果展示的功能，使大家可以快速知道代码编写的是否正确。

编程开发环境由 3 部分组成：提示区、代码区和场景区，如图 1.5 所示。提示区用来展示关卡任务、知识点提示和参考代码；代码区用来编写代码和调试代码；场景区由关卡场景和主角人偶组成，是用来展示代码运行结果的地方。

图 1.5　编程开发环境

大家在代码区编写的代码，会驱动场景区的主角人偶做出相应的动作，如果满足提示区的关卡目标，大家就完成了本关的任务。

图 1.6　两个按钮

"提示区"在编程开发环境的右上角，通过图 1.6 所示的两个按钮可以切换不同的提示功能。

第一个按钮是"关卡说明"，介绍了关卡的通关目标、基础知识和编程步骤等内容，仔细阅读才能知道如何过关。第二个按钮是"知识点提示"，将当前所学过的编程知识点简洁地显示出来，如果编程的时候忘记代码怎么写了，可以看看这里，如图 1.7 所示。

"代码区"中有编号的区域是用来编写代码的，深色的区域是用来显示代码编译和运行的状态，如图 1.8 所示。

编程关卡1-1
目标：让主角向前移动，收集前面的南瓜。

我们的主角喜欢收集南瓜，但他需要你的帮助。请输入你的控制代码，帮助主角在关卡中收集南瓜。

(1) 找到关卡世界中的南瓜。
(2) 输入命令move()控制主角向前走一个砖块。
(3) 命令take()控制主角收集南瓜。
(4) 命令是需要正确的格式，命令的

命令代码说明：
move();　//向前移动一步
take();　//收集南瓜

操作说明：
运行代码：ctrl键 + L。
快速运行代码：ctrl键 + H。
停止代码：ctrl键 + K。
场景复位：ctrl键 + I。
旋转：按住鼠标左键并移动。
缩放：ctrl键 + 鼠标滚轮。

× 980　　　　　　× 984

图 1.7　按钮功能示例

代码区会自动保存大家编写的代码，下次回到这个关卡时，之前写过的代码会自动显示出来。如果代码完全正确，深色区域会提示"编译成功""代码运行中"和"运行结束"等内容；如果代码写错了，则会给出错误的代码行号和错误内容。

"场景区"是编程开发环境的核心区域，重要的功能按钮都在这个区域，如图 1.9 所示。"运行"按钮用来执行代码区内编写的代码，人偶会根据代码做出相应的动作。"快速运行"按钮则会以更快的速度运行代码，人偶的动作和移动速度也会更快，这样便于快速查看代码运行结果。"重置"按钮是将人偶和场景恢复到最初始的状态。

```
1  move();
2  move();
3  move();
4  take();
5
6
7

编译进行中...
[编译成功]
代码运行中......
达成通关条件
运行结束
```

图 1.8　代码区

图 1.9　场景区

"场景区"最上面显示了每一关的通关条件，包括需要收集的南瓜数量和需要打开的开关数量，如图 1.10 所示。

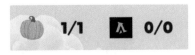

图 1.10　通关条件

交互操作

为了更清晰地查看关卡的场景内容和人偶的位置关系，场景区支持旋转和放大功能。

旋转场景的方法是在场景上按住鼠标左键，然后左右移动鼠标，这样会在水平方向旋转场景；上下移动鼠标，会在垂直方向旋转场景，但垂直方向的移动范围是有限制的。

旋转场景有利于更好地观察场景的各种物品和地形，有些场景地形和物品会被遮挡，只有旋转后才可以清楚地看到，如图 1.11 所示。

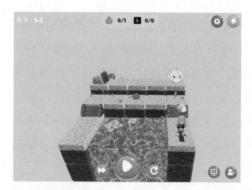

图 1.11　旋转场景

除了可以旋转场景外，还可以通过按住键盘的 Ctrl 键并滚动鼠标的滚轮，对场景进行放大和缩小，如图 1.12 所示。有些较大的场景，只有适当缩小后才能看到场景的全貌。在进入场景的时候，场景会自动缩放到较为合适的比例，如果

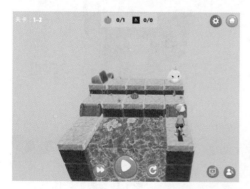

图 1.12　缩放场景

还是觉得不合适，就可以使用缩放功能调节场景的大小。

除了上面的交互操作外，编程开发环境还支持快捷键操作，快捷键和对应的功能如下：

操作说明：
运行代码：Ctrl + L。
快速运行代码：Ctrl + H。
停止代码：Ctrl + K。
场景复位：Ctrl + I。
旋转：按住鼠标左键并移动。
缩放：Ctrl + 鼠标滚轮。

1.5 辅助学习

1.5.1 教学课程

教学课程是将每个关卡的学习内容制作成动画短片，由虚拟人偶老师对课程的知识点进行讲解，并对关卡场景和目标进行分析，辅助以交互式的练习题，可以帮助大家更好地理解课程内容，如图 1.13 所示。

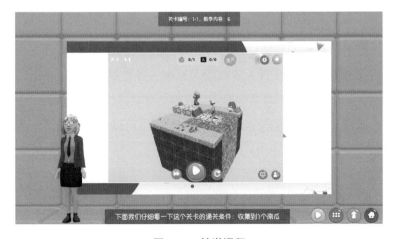

图 1.13 教学课程

编程论坛

呆呆鸟编程论坛是交流学习的空间，如图 1.14 所示。遇到难题可以在论坛中发帖子提问，会有同学或者老师解答。论坛中的知识不断积累和丰富，这样，学习者就可以很容易地在论坛中找到想要了解的知识。

图 1.14　呆呆鸟编程论坛

 在线答疑

如果遇到难以理解的知识点，或者无法调通的代码程序，可以通关"在线答疑"功能进入虚拟教室，由在线真人老师给大家解答各种难点问题，如图 1.15 所示。在线答疑中，大家可以举手向老师提问，老师会针对提出的问题做出详细的解答。当然，如果老师正在给其他同学进行讲解，大家也可以一起学习。

 打字练习

开发环境内置了一个打字小游戏，如果觉得自己打字还不过关，可以在打字小游戏中练习，增加打字的速度和准确性，如图 1.16 所示。

图 1.15　在线答疑

图 1.16　打字小游戏

这个打字小游戏的难度分为3档，"低难度"只出现字母，"中难度"会出现字母和单词，"高难度"只有单词。难度越高，字母和单词的移动速度越快，可以根据自己的打字水平选择相应的难度。

 网络资源

如果在学习过程中遇到任何问题，可以在呆呆鸟编程官网寻求帮助。呆呆鸟编程的官网地址是http://www.ddncode.com/，如图1.17所示。

图 1.17   呆呆鸟编程官网

呆呆鸟编程的微信公众号名称是"呆呆鸟编程",这里会经常发布最新的编程理念、编程知识和行业新闻,如图 1.18 所示。喜欢的读者可以关注这个微信公众号。

图 1.18   "呆呆鸟编程"微信公众号

如果要查看关卡的过关视频或其他视频资料，可以在抖音、快手、小红书和哔哩哔哩中搜索"呆呆鸟编程"，或扫描图 1.19 所示的二维码，关注各大视频平台的官方账号。

图 1.19　各大视频平台的官方账号

第2章
命　令

　　移动、左转、右转、采集、开关都是人们在日常生活中比较熟悉的动作，这些动作在计算机编程中就是命令，将许多命令按一定顺序排列就可以完成特定的任务。本章学习命令的格式、基础命令的使用方法以及如何通过命令来完成任务。

2.1 什么是命令

老师，命令是什么？

命令又叫指令，它是控制计算机进行运算的基础。

还是不明白……

别着急，老师给你举个例子吧！

好的，老师。

假如有个水杯，你要喝到杯子中的水，你要做哪些动作呢？

拿起水杯、杯子移动到嘴边、张嘴、倾斜杯子，这样就喝到了。

好的，你说的这几个动作就是命令。

哦，这就是命令。

对，命令就是含义明确的动作，能够让计算机识别的基础性指令。

命令也叫"指令"，是控制计算机进行运算的基础单元，每一条命令都有一个明确的含义，代码就是由一条一条的命令组成的，如图 2.1 所示。

图 2.1 命令格式

命令一般由 3 部分组成：命令名称、小括号和分号。

（1）命令名称用来区分不同的命令，每条命令都有属于自己的名字。

（2）小括号表示这是一条命令。

（3）分号表示命令的结束，因此，在书写命令时一定不要忘记加分号。

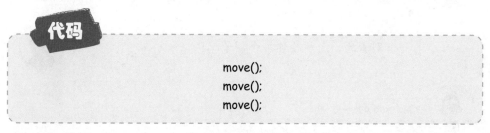

代码

```
move();
move();
move();
```

多条命令时，每条命令在书写完后需要换行书写下一条命令，也就是说，每条命令单独占一行。

2.2 常用命令

 前进命令

```
move();
功能：向前移动一个砖块
说明：楼梯不影响移动
```

大家可以看到地上的砖块，move() 命令可以控制主角向前移动一个砖块，如图 2.2 所示。

图 2.2 move() 命令

当主角遇到楼梯时，move() 命令会自动爬上或爬下楼梯，因此，楼梯只能改变主角所在的高度，而并不会影响主角的移动。在有楼梯的砖块上运行 move() 命令，也是移动一个砖块。

老师，移动这个命令我明白了，但是如果想要转向，该怎么办呢？

好的，接下来要介绍的新命令将会解决你的问题。

 左转命令

left();

功能：向左转

说明：左转并不会离开当前砖块

左转命令 left() 可以控制主角在当前砖块上左转。在使用 move() 命令移动的过程中，如果想要将移动方向改变为向左就需要使用 left() 命令。在控制主角行进过程中可以多次使用 left() 命令来改变行进方向，每使用一次，主角就会向左转一次。

2.2.3 右转命令

right();

功能：向右转

说明：右转并不会离开当前砖块

右转命令 right() 可以控制主角在当前砖块上右转。right() 命令和 left() 命令的使用方法是一样的，可以多次使用 right() 命令，每使用一次，主角就会向右转一次。

2.2.4 收集命令

take();

功能：采集南瓜

说明：只能在南瓜所在的砖块上使用

当主角在行进过程中遇到前方有南瓜时，主角移动到南瓜所在砖块后，南瓜会从地面移动到主角头顶上，通过 take() 命令跳起来收集头顶上的南瓜。

南瓜是场景中需要收集的物品，大家见到南瓜后，就需要通过 take() 命令把它收集起来，完成场景任务。

 老师，在头顶没有南瓜时，能用 take() 命令吗，如果用了会有什么效果？

老师，效果是主角会跳起收集，因为没有南瓜，所以南瓜没有收集到。

 哦，明白了，那在移动中也可以多次使用 take() 命令吧？

是的，每使用一次，效果就是主角跳起采集一次，头部有南瓜就采集到了，没有就没有采集到。

 2.2.5 开关命令

toggle();
功能：切换开关状态
说明：开关有"打开"和"关闭"两种状态

 切换开关状态命令 toggle()，可以切换开关的状态，执行命令时主角需要站在开关上。如果在没有开关的地方执行这个命令，主角也会做出相应的动作，但不会有任何的效果。

开关也是场景中需要交互的物品，开关有两种状态，打开状态和关闭状态，如图 2.3 所示。大家见到开关后，就需要通过 toggle() 命令将它切换到"打开"状态，这样才能够完成场景任务。

(a) 开关"打开"状态

(b) 开关"关闭"状态

图 2.3 开关的两种状态

知识小课堂

　　如果大家忘记之前学过的命令，可以在代码编辑区右上角找到问号标志的按钮，单击后可以在提示区显示之前学过的所有命令。

2.3 代码编译

　　老师，命令的"样子"我记住了，那命令是如何让主角动起来的呢？

　　命令的执行是一个编译的过程，通过编译给计算机发送计算机能够识别的指令。

　　编译过程是什么样的，为什么要通过编译，计算机才能够识别呢？

别着急，接下来会详细给大家介绍编译的过程。

　　主角会根据输入的命令做出相应的动作，从效果来看，是通过命令直接控制主角的行动，而实际上是要执行一个"编译"的过程。

　　编译过程就是，将 C# 命令转换成计算机能够识别的机器码，这样的机器码才能控制主角的动作。编译过程不仅可以转换代码，还可以找到代码中的语法错误，如图 2.4 所示。

C#代码 ⟹ **中间代码** ⟹ **机器码**

move() ⟹ **IL_000: ldarg.0** ⟹ **00010100101**

图 2.4　编译过程

老师，书写命令时，命令写错了怎么办，我怎么能知道哪个地方写错了呢?

别担心，编译过程会像老师一样检查书写的语法错误。

哦，太好了。

　　代码命令必须按照规范要求书写，但我们常常会犯一些小错误，如命令名称拼错了、命令大小写写错了、忘记写分号等。编译过程中会逐个检查书写命令的格式，能够保证代码命令书写格式正确。

　　如果书写的命令代码有问题，编译就会发现错误，并在"日志区"里面给出错误提示。错误提示包括错误代码出现在哪一行和错误的类型，这有助于快速找到和修改问题。在问题修改后，可以重新运行代码，直到编译通过。

老师，我发现一个问题。

什么问题？

我命令的格式都正确，而且编译成功了，但是主角并没有按照我的命令执行活动呀！

如果出现这种情况，那一定是你的逻辑错了。

逻辑错误？

对，在书写命令代码时常遇到的两大类错误：语法错误和逻辑错误。

老师，关于逻辑错误，您能举个例子吗？

比如你想让主角前进 3 个方砖，却只写了 2 次 move() 命令，你是不是没有达到前进 3 个方砖的目的呢？

嗯，明白了，就是我的指令下达错了，比如我想让主角左转，但书写成 right()。

是的，你理解的非常正确。

编译的时候只能发现代码中的语法错误，是没有办法发现逻辑错误的。如果代码中有逻辑错误，就只能在代码运行以后，通关观察主角的行动路线和动作来判断是否有 bug。

2.4 关卡案例

老师，命令格式和编译过程我都知道了。

你真棒！

老师，我想练习一下，看掌握得怎么样。

好的，那就通过几个关卡来检验是否学会了命令。

2.4.1 前进收集

关 卡 说 明

关卡编号：1-1

关卡难度：*

通关条件：南瓜1个，开关0个。

关卡目标：让主角向前移动，收集前面的南瓜。

关卡1-1场景图如图2.5所示。

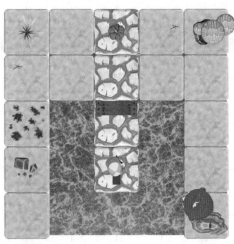

图 2.5 关卡 1-1 场景图

要完成关卡目标，主角要前进到南瓜的位置，然后收集关卡中唯一的南瓜。

代码

```
move();
move();
move();
take();
```

要完成关卡目标，需要使用到 move() 和 take() 命令。南瓜在主角前方，需要使用 move() 命令向前移动 3 个砖块才能到达南瓜所在位置，然后再使用 take() 命令收集南瓜，如图 2.6 所示。

在主角移动过程中遇到楼梯时，move() 命令会自动爬上或爬下楼梯。

上面给出的代码可以完成本关的关卡目标，让主角前进到南瓜的位置并进行收集。图 2.6 中的蓝色箭头表示主角的移动轨迹，从平面俯视效果来看，可以忽略楼梯的存在。

后面的每个关卡案例中，都会给出完成关卡的代码。这些代码并不是所谓的标准答案，因为有很多种方法可以完成关卡目标，这里只给出其中一种，供大家参考。

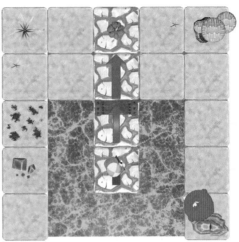

图 2.6 关卡 1-1 通关路线图

2.4.2 首次左转

关 卡 说 明

关卡编号：1-2

关卡难度：*

通关条件：南瓜 1 个，开关 0 个。

关卡目标：使用前进和左转命令，收集关卡的南瓜。

关卡 1-2 场景图如图 2.7 所示。

南瓜在主角的前方左侧，想一想使用几个前进命令可以走到适当的位置左转，左转后还要在继续前进几个砖块才能到达南瓜的位置？到达南瓜所在的位置后，应该调用什么命令收集南瓜呢？

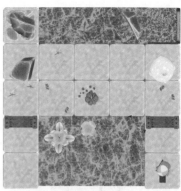

图 2.7　关卡 1-2 场景图

代码

```
move();
move();
left();
move();
move();
take();
```

这一关要用到 move()、left() 和 take() 命令。主角需要使用 move() 命令向前移动两个砖块，此时主角可以使用 left() 命令向左转向，然后再使用 move() 命令向前移动两个砖块，到达南瓜位置后使用 take() 命令收集南瓜，如图 2.8 所示。

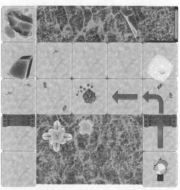

图 2.8　关卡 1-2 通关路线图

2.4.3 打开开关

关卡说明

关卡编号：1-3

关卡难度：*

通关条件：南瓜1个，开关1个。

关卡目标：不仅要收集南瓜，还要打开开关。

关卡1-3场景图如图2.9所示。

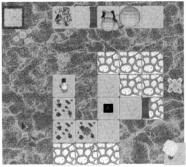

图2.9 关卡1-3场景图

本关卡的目标是收集南瓜，还要打开开关。主角前进的路线上可以经过开关和南瓜，仔细思考一下要用到哪些命令完本关的目标。

场景中有1个南瓜和1个开关，要用到4个命令，包括move()、left()、toggle()和take()。

南瓜和开关都在主角的左侧，首先使用move()命令移动到需要转向的砖块位置，然后使用left()命令左转。在遇到南瓜的时候，使用take()命令收集南瓜；在遇到开关的时候，因为开关是"关闭"的状态，因此需要使用toggle()命令将其打开。关卡1-3通关路线图如图2.10所示。

代码

```
move();
move();
 left();
move();
take();
move();
left();
move();
toggle();
```

图 2.10　关卡 1-3 通关路线图

 使用传送门

 关卡说明

关卡编号：1-4

关卡难度：*

通关条件：南瓜 2 个，开关 1 个。

关卡目标：通过传送门收集南瓜。

关卡 1-4 场景图如图 2.11 所示。

本关卡的目标是通过传送门收集南瓜，并打开开关。有一个南瓜在孤岛上，需要使用传送门才能到达孤岛。

传送门是本关出现的一个新物品，如图 2.12 所示。传送门可以将主角从一个位置传送到另一个位置，因此传送门都是成对出现的。需要注意，传送门传送后不会改变主角的方向。

 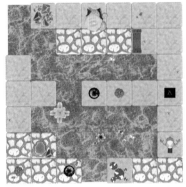 

图 2.11 关卡 1-4 场景图   图 2.12 传送门

代码

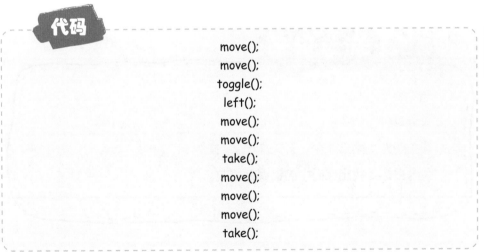

```
move();
move();
toggle();
left();
move();
move();
take();
move();
move();
move();
take();
```

本关要使用 move()、left()、toggle() 和 take() 命令，需要收集 2 个南瓜和打开 1 个开关。

主角在起始位置向前移动 2 格，在打开开关后，左转并继续前进。在收集南瓜后，进入传送门。出传送门后继续前进，走到南瓜的位置收集南瓜，这样就可以用最快的方式完成关卡任务。关卡 1-4 通关路线图如图 2.13 所示。

 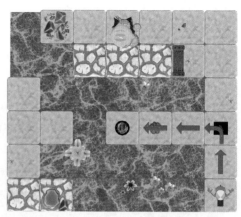

图 2.13　关卡 1-4 通关路线图

2.4.5　找出问题

关卡编号：1-5

关卡难度：*

通关条件：南瓜 1 个，开关 1 个。

关卡目标：找出代码中的错误并修改。

关卡 1-5 场景图如图 2.14 所示。

本关给出的代码有些是有错误的。要想知道错误出现在哪里，最快捷的方式就是运行代码，看看结果如何。代码右上角有一个"虫子"，表示这里的代码有错误。

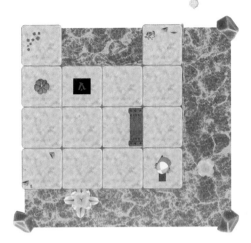

图 2.14 关卡 1-5 场景图

知识小课堂

代码中存在的错误通常叫作 bug，bug 的中文意思是"虫子"。无论是初学者还是经验丰富的专业开发人员，在书写代码命令时都会出现错误。bug 会让代码不能正确运行，因此需要找到 bug，并尝试修复 bug。

代码

```
move();
left();
move();
move();
toggle();
move();
take();
```

有问题的代码没有让主角走到应该到达的位置，而是走了一条错误的路线，这条路线没有经过南瓜和开关。

需要找出不正确的命令，尝试调整这些命令的位置，或者添加某些命令，让主角可以到达正确的路线上。

有 bug 代码	正确代码
move();	move();
left();	move();
move();	left();
move();	move();
toggle();	move();
move();	toggle();
take();	move();
	take();

问题出在主角提前了一个砖块左转，导致走错了路线，最终没有经过开关和南瓜。因此，在左转命令 left() 前面增加一个前进命令 move()，就可以让主角打开开关和采集到南瓜了。

关卡 1-5 通关路线图如图 2.15 所示。

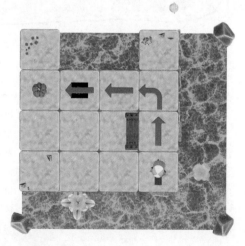

图 2.15　关卡 1-5 通关路线图

2.4.6 调整代码顺序

关卡说明

关卡编号：1-6

关卡难度：*

通关条件：南瓜 1 个，开关 2 个。

关卡目标：调整代码顺序来拿到南瓜。

关卡 1-6 场景图如图 2.16 所示。

 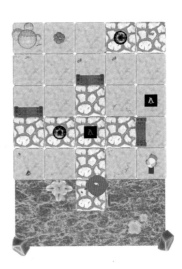

图 2.16 关卡 1-6 场景图

本关卡要收集一个南瓜，并打开关闭的开关。提示一下，有一个开关已经打开，可以不用做任何操作。

在本关中给出了一部分代码，这些代码也是有错误的，代码命令有两处的顺序出现问题，需要大家重新排列命令的顺序。要是知道错误出现在哪里，最快捷的方式就是运行代码，看看结果如何。

代码

```
move();
move();
toggle();
move();
left();
move();
move();
move();
take();
```

知识小课堂

在修改代码中错误的时候，如何快速地把代码修改好呢？最好的方法就是做出每项更改后都运行一次代码，确保修改的代码符合自己的预期。别担心尝试的次数太多，多次尝试是找到问题的最好方式。

代码

有 bug 代码	正确代码
move();	move();
move();	left();
toggle();	move();
move();	move();
left();	toggle();
move();	move();
move();	move();
move();	move();
take();	take();

运行后，可以发现主角走了一条错误的路线，经过"打开"状态的开关，最后停止在远处的砖块位置上。正确的方法是调整代码中 toggle() 和 left() 命令的位置，让主角经过"关闭"状态的开关和传送门，走到最远处的、有南瓜的砖块上。关卡 1-6 通关路线图如图 2.17 所示。

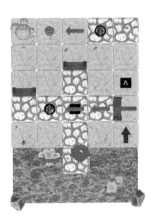

图 2.17 关卡 1-6 通关路线图

2.4.7 最短路线

关卡说明

关卡编号：1-7

关卡难度：*

通关条件：南瓜 1 个，开关 1 个。

关卡目标：找出完成任务的最短路线。

关卡 1-7 场景图如图 2.18 所示。

本关比前几关更大、更复杂，关卡中有多个传送门，主角通过使用不同的传送门，可以产生多种过关的方案，大家尝试让主角走的路线越短越好。

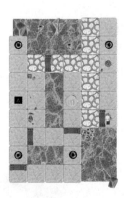

图 2.18　关卡 1-7 场景图

使用不同的传送门可以产生不同的行进路线，这里提供两种方案：一种是先使用蓝色传送门去打开开关，然后使用绿色传送门去收集南瓜的方案；另外一种是先收集南瓜，然后只使用绿色传送门去打开开关的方案。大家可以比较一下，哪种方案主角的路线比较短，同时代码也更加简洁。

知识小课堂

在以后的关卡中会出现很多传送门，大家要注意一下传送门的颜色，关卡中有不同种颜色成对的传送门，如绿色传送门和蓝色传送门，传送门之间的传送是要对照颜色的，就是说，从蓝色传送门进入，只能从另一个蓝色传送门出来。

代码

```
move();
move();
move();
take();
move();
move();
move();
move();
toggle();
```

很明显，只使用绿色传送门的方案更加简洁。主角先收集前方的南瓜，然后通过绿色传送门到达上面的平台，走到开关位置打开开关。关卡 1-7 通关路线图如图 2.19 所示。

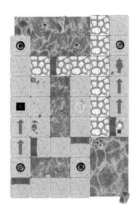

图 2.19 关卡 1-7 通关路线图

2.5 本章总结

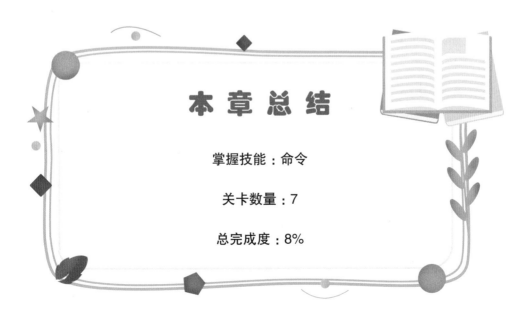

本 章 总 结

掌握技能：命令

关卡数量：7

总完成度：8%

在本章中，大家学习了几种控制主角运动的基本命令，包括 move()、left()、right()、take() 和 toggle()，还了解了命令格式和编译过程。通过关卡练习，相信大家已经可以熟练运用基本命令来控制主角。

 习　题

1. 以下哪段代码是完整、正确的？（　　　）

A. move();　　　　B. move()

2. 以下哪段代码是让主角向前走两步，然后收集南瓜？（　　　）

A. move();　　　　B. move();

take();　　　　　　move();

move();　　　　　 take();

3. 以下哪个是正确的左转命令？（　　　）

A. Left();　　　　B. left();

4. 以下哪段代码实现了先左转再前进一步？（　　　）

A. left();　　　　B. move();

move();　　　　　 left();

5. 如果开关此时是"关闭"的状态，以下哪段命令执行后开关还是"关闭"状态？（　　　）

A. toggle();　　　　B. toggle();

toggle();

6. 传送门可以改变主角的前进方向吗？（　　　）

A. 可以　　　　B. 不可以

7. 经验丰富的编程开发人员，写出的代码是没有错误的。（　　　）

A. 正确　　　　　B. 错误

第3章
函　　数

　　代码由许多命令组成，将实现一个特定功能的命令组合在一起就是函数。有了函数的帮助，在编程时就无须多次输入重复的命令，只需要将这些重复的命令定义成函数，需要使用时直接调用就可以了。本章介绍函数的定义和调用，以及如何使用函数嵌套，通过关卡案例，大家可以更好地掌握函数的使用方法。

3.1 定义和调用

老师，基本命令我已经全学会了。

太棒了！老师想问你一个问题。

什么问题？

用 left() 命令如何表达向右转呢？好好想想！

我想到了，使用 3 次左转的命令就实现向右转的效果。

真棒，没错。

我有个问题，如果每次用到向右转，是不是都要使用 3 次向左转呢？

这个问题问得很好，今天给大家介绍一个新知识——函数，通过函数就能解决这个问题。

函数就是将实现特定功能的一组命令组合在一起。在下面的代码中，使用 3 个 left() 命令实现了向右转功能，这就是一个函数。函数有函数名称，这个函数名称为 TurnRight，实现功能的命令组合在大括号中。这个给函数命名和实现具体功能的过程称为"函数定义"。

代码

函数定义	函数调用

void TurnRight(){
    left();
    left();
    left();
}
	TurnRight();

函数被"定义"好以后,就可以使用了。以刚刚定义的 TurnRight() 函数为例,在输入 TurnRight() 后,计算机系统会找到 TurnRight() 的函数定义,执行函数大括号内的 3 个 left() 命令。这个使用函数的过程就是"函数调用"。

有了 TurnRight() 函数定义和函数调用,以后在实现右转功能时就不用再写 3 次左转命令了,直接调用 TurnRight() 函数就可以,这就是使用函数的好处。

函数定义	函数调用

void 函数名称 ()
{
    命令 1;
    命令 2;
    ⋮
}
	函数名称 ();

函数定义一般由 4 部分组成,第一部分是 void,表示这是一个"函数";第二部分是函数名称,例如 TurnRight;第三部分是小括号,小括号里面可以放置函数的参数,参数的内容会在后面的章节中介绍;第四部分是函数主体,就是需要执行的命令集合,写在大括号里面,例如 3 个左转 left() 命令。

函数调用可以理解为函数的使用。函数调用包含函数名称、小括号和分号 3 部分内容。当进行函数调用时,计算机就会根据函数名称找到函数定义,执行大括号中的"命令集合",例如调用 TurnRight() 函数,主角就会根据函数定义的内容,执行命令集合中的 3 次左转命令。

知识小课堂

函数书写规范：

1. 函数名称都是英文字母或英文字母 + 阿拉伯数字，不能写成汉字，不能带标点符号；

2. 函数名称区分大小写，TurnRight 、Turnright、turnright 代表不同的函数，因此书写函数名称以及调用时，函数名称大小写要一样；

3. 函数名如果由多个单词组成，单词之间不要有空格，单词首字母用大写字母；

4. 函数名称后面的小括号一定要加上；

5. 函数定义都要包含基本命令，因此大括号不能丢，而且要成对出现。

函数命名大家了解了吗？找一找下面的代码哪些地方出错了？

 代码

```
Turn Rights (){
    left();
}}
```

以上代码有 3 处错误，大家都找出来了吗？

（1）缺少函数关键字 void ；

（2）Turn 和 Right 中间不应有空格；

（3）大括号多了一个。

 老师，使用函数要比多次重复输入命令好多了。

如果有好几处都要书写命令实现向右转，函数就会很方便。

哦，是这样呀。

函数只需要定义一次，就可以被多次使用，这样就不用每次都写很多的基础命令。

老师，如果我定义了函数，但是没有用，会不会有问题呢？

如果定义了函数但没有调用，程序就不会读取函数，是没有问题的。

使用函数的好处？

函数可以简化代码书写。例如定义了右转函数，每次需要右转的时候直接调用右转函数即可，无须每次都写多个 left() 命令。

3.2　函数嵌套

老师，函数的定义和调用我已经理解了。

非常好。

老师，我可以先定义一个函数，然后在另一个函数定义中调用之前的函数吗？

可以呀，这就是函数嵌套。

函数嵌套是指函数被定义后，在另外一个函数中调用被定义的函数。

伪代码

```
void 转身函数 (){
    left();
    left();
}

void 新函数 (){
    move();
    take();
    转身函数 ();
    move();
}
```

用一个例子说明什么是函数嵌套。首先定义一个"转身函数"，函数体里用两个 left() 命令实现转身功能。再定义一个"函数"，这个函数不仅使用了基础命令，还调用了自定义的"转身函数"。

这个例子说明，可以在一个函数中调用另一个函数，这就是函数嵌套。为了方便辨认，这里使用了中文的函数名，属于伪代码，在后面章节会给大家介绍。大家在定义函数的时候不能使用中文函数名，需要使用英文的函数名。

3.3 关卡案例

老师，学会了函数，在编写代码时方便了许多。

是的，可以多次使用，也可以放到别的函数中使用。

老师，函数要比基本命令难一些，我还要慢慢理解。

没关系，下面进行一些关卡练习，能够帮助大家更好地掌握函数运用。

 命令组合

 关卡说明

关卡编号：2-1

关卡难度：*

通关条件：南瓜 1 个，开关 0 个。

关卡目标：使用命令组合来右转。

关卡 2-1 场景图如图 3.1 所示。

 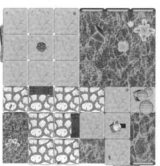

图 3.1 关卡 2-1 场景图

根据第 2 章学习的基本命令收集到南瓜，大家已经掌握的命令包括移动命令 move()、左转命令 left()、切换开关命令 toggle() 和收集南瓜命令 take()。在这个关卡中，不能直接使用右转命令 right()，大家依旧要多次使用左转命令 left() 实现右转的功能。

```
move();
move();
move();
left();
left();
left();
move();
move();
move();
take();
```

通过观察不难发现，主角向前移动 3 格后需要向右转。因为没有右转命令，只能使用 3 次左转命令来实现右转功能。最后再向前移动 3 格到达南瓜所在砖块，这样就可以收集到南瓜了。关卡 2-1 通关路线图如图 3.2 所示

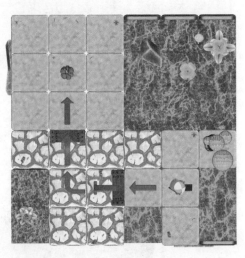

图 3.2　关卡 2-1 通关路线图

3.3.2 创建函数

关 卡 说 明

关卡编号：2-2

关卡难度：*

通关条件：南瓜 0 个，开关 2 个。

关卡目标：定义函数来实现主角右转。

关卡 2-2 场景图如图 3.3 所示。

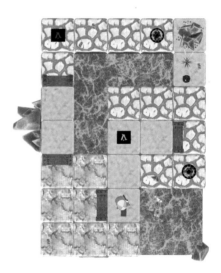

图 3.3 关卡 2-2 场景图

关卡的任务是打开 2 个开关，其中有 1 处开关已经打开，需要到达另一个没有打开的开关位置。主角的移动过程中需要多次右转，本关依旧不能使用右转命令 right()，这里最好的办法是自定义一个表示右转的函数，在需要右转的时候调用自定义的右转函数。

知识小课堂

C# 代码中的字符和括号都是英文字符，在代码编辑器中输入代码时，常常因为误输入中文字符导致代码编译错误。

```
void TurnRight(){
    left();
    left();
    left();

}

move();
move();
TurnRight();
move();
move();
TurnRight();
move();
TurnRight();
move();
move();
move();
toggle();
```

首先定义右转 TurnRight() 函数，通过 3 个左转命令 left() 实现右转。在定义完右转函数后，一起来梳理主角的移动步骤。

第一步：向前移动 2 格；

第二步：向右转；

第三步：向前移动 2 格；

第四步：向右转；

第五步：向前移动 1 格到达传送门；

第六步：传送到另一个传送门后向右转；

第七步：向前移动 3 格到达开关的格子；

第八步：打开开关，完成任务。

关卡 2-2 通关路线图如图 3.4 所示。

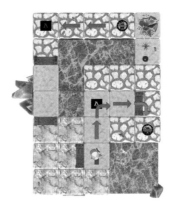

图 3.4　关卡 2-2 通关路线图

　　这里需要提醒一下，函数定义和函数调用的代码要一起输入代码编辑器中才可以运行。

3.3.3　重复模式

关卡编号：2-3

关卡难度：**

通关条件：南瓜 4 个，开关 4 个。

关卡目标：定义函数处理重复的模式。

关卡 2-3 场景图如图 3.5 所示。

图 3.5　关卡 2-3 场景图

在本关中，每个南瓜旁边都有个开关。如果能把"收集南瓜"和"打开开关"的代码写在一个函数里面，就可以在适当的时候多次调用这个函数，避免重复编写代码。

知识小课堂

在以后的关卡中，如果发现有很多重复的模式（模式是指由多个基本命令按固定顺序组成，表达一个复杂的动作或命令），就可以将这个模式定义成函数，多次调用函数要比重复写相同的代码好得多。

代码

```
void TakeTwo(){

    take();
    move();
    toggle();
```

```
            move();
        }

        move();
        TakeTwo();
        left();
        move();
        TakeTwo();
        move();
        left();
        move();
        TakeTwo();
        left();
        move();
        TakeTwo();
```

先定义 TakeTwo() 函数，这个函数可以先移动 2 个格子，并收集南瓜和打开开关。在 4 个边上收集南瓜和打开开关时，都可以调用 TakeTwo() 函数。

在定义完函数后，这里给出主角通关的步骤。

第一步：向前移动 1 格；

第二步：调用 TakeTwo() 函数；

第三步：向左转；

第四步：向前移动 1 格；

第五步：调用 TakeTwo() 函数；

第六步：向前移动 1 格并左转；

第七步：向前移动 1 格；

第八步：调用 TakeTwo() 函数；

第九步：向左转向；

第十步：向前移动 1 格；

第十一步：调用 TakeTwo() 函数，完成任务。

关卡 2-3 通关路线图如图 3.6 所示。

 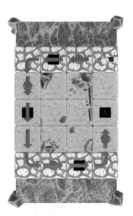

图 3.6　关卡 2-3 通关路线图

3.3.4　九个南瓜

关 卡 说 明

关卡编号：2-4

关卡难度：**

通关条件：南瓜 9 个，开关 0 个。

关卡目标：识别重复的收集模式，并定义函数。

关卡 2-4 场景图如图 3.7 所示。

　　本关卡中，需要收集 9 个南瓜，这些南瓜分布有什么特点呢？

　　这些南瓜排列成 3 行 3 列，是不是可以将每列 3 个南瓜分为一组，然后将收集这一组 3 个南瓜的代码定义为一个函数。

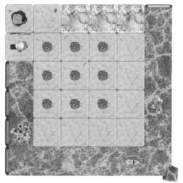

图 3.7 关卡 2-4 场景图

代码

```
void GetThree(){
  take();
  move();
  take();
  move();
  take();
}

move();
GetThree();
right();
move();
right();
GetThree();
left();
move();
left();
GetThree();
```

　　首先定义一个函数 GetThree()，用来收集一行上的 3 个南瓜，然后按照图 3.8
所示的运动方向逐行收集南瓜。

　　在定义完函数后，给出如下的核心步骤。

　　第一步：向前移动 1 格；

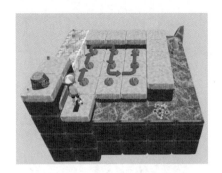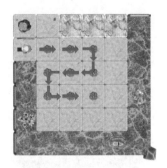

图 3.8　关卡 2-4 通关路线图

第二步：调用 GetThree() 函数；

第三步：向右转；

第四步：向前移动 1 格，并向右转；

第五步：调用 GetThree() 函数；

第六步：向左转；

第七步：向前移动 1 格，并向左转；

第八步：调用 GetThree() 函数，完成任务。

当然，大家也可以想出自己的方法，利用函数收集到所有的南瓜。但务必使用函数减少重复的代码。

3.3.5　嵌套调用

关卡说明

关卡编号：2-5

关卡难度：*

通关条件：南瓜 4 个，开关 0 个。

关卡目标：从一个函数调用另一个函数。

关卡 2-5 场景图如图 3.9 所示。

图 3.9 关卡 2-5 场景图

本关卡中，需要收集 4 个南瓜，这些南瓜分布有什么特点呢？

这些南瓜分布在不同的方向上，从主角位置到达每个南瓜的距离相同，在收集南瓜后还要转身回到起始位置，再去下一个南瓜位置收集。

代码

```
void TurnBack(){
    left();
    left();
}

void OneLine(){
    move();
    move();
    take();
    TurnBack();
```

```
        move();
        move();
    }


    OneLine();
    OneLine();
    right();
    OneLine();
    OneLine();
```

在每次收集南瓜后都要转身，将转身的动作定义成函数 TurnBack()。另外，从中心位置去收集南瓜然后回到中心位置，每个方向的这个过程都是相同的，因此，将这个过程定义成函数 OneLine()。

TurnBack() 函数调用 2 次左转命令 left() 实现转身的效果，大家可以操作一下转身。

OneLine() 函数，首先向前移动 2 格，在收集南瓜时调用 TurnBack() 函数转身，然后向前移动 2 格，回到起始位置。

主角要完成收集目标所需的动作如下：首先在第一个方向收集南瓜，然后回到起始点，再到对面方向收集南瓜，然后又回到起始点，先左转，进行第三个方向收集南瓜，回到起始点，再进行最后一个方向的南瓜收集。

关卡 2-5 通关路线图如图 3.10 所示。

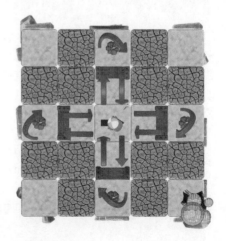

图 3.10　关卡 2-5 通关路线图

知识小课堂

通过函数把一个较大的问题分解成较小问题的方式，称为"问题分解"，这种方式有利于解决关卡难题，让代码更加简单易读。

3.3.6 高低阶梯

关卡说明

关卡编号：2-6

关卡难度：**

通关条件：南瓜 6 个，开关 0 个。

关卡目标：通过多个函数来分解问题。

关卡 2-6 场景图如图 3.11 所示。

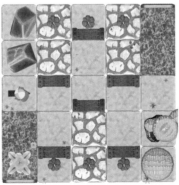

图 3.11　关卡 2-6 场景图

本关卡中，需要收集 6 个南瓜。这些南瓜分布有什么特点呢？读者可以思考一下！

接下来，一起找找南瓜分布有哪些相似的模式。如果以主角所站砖块画一个中心线，两边的南瓜分布是对称的，就是说从中心线到南瓜的距离是相同的。

知识小课堂

函数的命名小常识：在给函数命名时，可以基于函数的用途和目的给函数命名，尽量用有意义的单词组合，这样以后看到函数的时候，就可以知道这个函数的用途。

代码

```
void TakeTurnRound(){
    move();
    move();
    take();
    left();
    left();
    move();
    move();

}

void TakeOneLine(){
    left();
    TakeTurnRound();
    TakeTurnRound();
```

```
                  right();
              }

              move();
              TakeOneLine();
              move();
              TakeOneLine();
              move();
              TakeOneLine();
```

每次从中线位置去收集一侧的南瓜再回到中线，这个过程可以定义成函数 TakeTurnBack()。

代码

```
void TakeTurnRound(){
    move();
    move();
    take();
    left();
    left();
    move();
    move();

}
```

TakeTurnRound() 函数的核心步骤如下。

第一步：向前移动 2 格；

第二步：在南瓜所在砖块中，进行南瓜的收集；

第三步：转身；

第四步：向前移动 2 格，回到起始位置；

将两个 TakeTurnRound() 命令组合在一起，就可以实现收集两侧南瓜的效果，这个过程定义成函数 TakeOneLine()。

代码

```
void TakeOneLine(){
  left();
  TakeTurnRound();
  TakeTurnRound();
  right();
}
```

TakeOneLine() 函数的核心步骤如下。

第一步：在中心格向左转；

第二步：收集一侧的南瓜回到中线；

第三步：收集另一侧的南瓜回到中线；

第四步：右转，面向下一组收集的方向。

代码

```
move();
TakeOneLine();
move();
TakeOneLine();
move();
TakeOneLine();
```

有了 TakeTurnRound() 函数和 TakeOneLine() 函数后，主角的通关步骤就变得简单许多。

（1）向前移动 1 格然后收集第一行南瓜；

（2）在第一行收集后再移动 1 格收集第二行南瓜；

（3）在第二行收集后再移动 1 格收集最后一行南瓜。

关卡 2-6 通关路线图如图 3.12 所示。

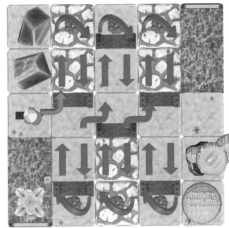

图 3.12　关卡 2-6 通关路线图

　多函数使用

关　卡　说　明

关卡编号：2-7

关卡难度：***

通关条件：南瓜 0 个，开关 6 个。

关卡目标：将问题分解成多个函数。

关卡 2-7 场景图如图 3.13 所示。

在关卡 2-7 中，需要打开 6 个开关，这些开关分布有什么特点呢？大家耐心地思考一下。虽然这些开关分布在不同的方向上，但似乎可以找到一些相似的模式。

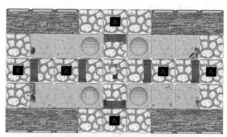

图 3.13　关卡 2-7 场景图

大家一起找找有哪些相似的模式，以主角所在位置为中心，4 个方向上，可以发现如下规律：

（1）有 2 条长路线和 2 条短路线；

（2）长路线有 2 个开关，短路线有 1 个开关；

（3）长路线开关位置相同；

（4）短路线开关位置相同。

除了找到关卡开关的分布规律，还要将问题进行分解，将大问题分解成相似的小问题，通过使用函数完成关卡任务。

代码

```
void MoveToggle() {
    move();
    move();
    toggle();
}

void BackMove(){
    left();
    left();
    move();
    move();
}
```

```
                    void LoneLine(){
                      MoveToggle();
                      MoveToggle();
                      BackMove();
                      move();
                      move();
                    }

                    void ShortLine(){
                      MoveToggle();
                      BackMove();
                    }

                    ShortLine();
                    ShortLine();
                    right();
                    LoneLine();
                    LoneLine();
```

可以把主角的动作组合定义成多个函数，通关组合这些函数，打开长路线和短路线的开关。

示例代码中定义了 4 个函数，分别实现了"前进切换开关""掉头回来""打开长路线开关"和"打开短路线开关"，下面分别介绍这几个函数。

首先定义 MoveToggle() 函数，这个函数可以让主角向前移动 2 格，并切换开关状态，具体步骤如下。

第一步：向前移动 2 格；

第二步：站在开关所在格子中，切换打开状态。

代码

```
                    void MoveToggle() {
                      move();
                      move();
                      toggle();
                    }
```

然后定义 BackMove() 函数，这个函数主要实现主角转身后向前移动 2 格。

代码

```
void BackMove(){
  left();
  left();
  move();
  move();
}
```

函数 LoneLine() 的功能是打开长路线上的开关，这个函数调用了 MoveToggle() 和 BackMove() 这两个之前定义的函数，具体步骤如下。

第一步：调用 MoveToggle() 函数，打开第一个开关；

第二步：继续调用 MoveToggle() 函数，打开第二个开关；

第三步：调用 BackMove() 函数，转身往回移动 2 格；

第四步：再移动 2 格回到主角初始位置。

代码

```
void LoneLine(){
  MoveToggle();
  MoveToggle();
  BackMove();
  move();
  move();
}
```

函数 ShortLine() 的功能是打开短路线上的开关，这个函数也调用了 MoveToggle() 和 BackMove() 函数，具体步骤如下。

第一步：调用 MoveToggle() 函数，移动打开开关；

第二步：调用 BackMove() 函数，转身往回移动 2 格，回到主角初始位置。

```
void ShortLine(){
    MoveToggle();
    BackMove();
}
```

有了上面定义的 4 个函数，就可以从容地完成本关的关卡目标，具体步骤如下。

第一步：打开 2 个短路线的开关；

第二步：右转；

第三步：打开 2 个长路线的开关。

```
ShortLine();
ShortLine();
right();
LoneLine();
LoneLine();
```

关卡 2-7 通关路线图如图 3.14 所示。

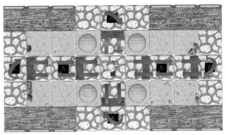

图 3.14　关卡 2-7 通关路线图

3.4 本章总结

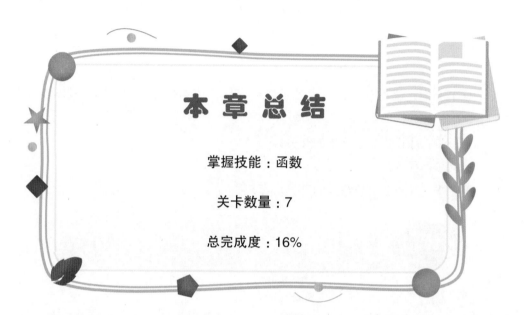

本 章 总 结

掌握技能：函数

关卡数量：7

总完成度：16%

在本章中，大家学习了函数的定义和函数的调用，通过使用函数减少了代码的书写量。掌握了"问题分解"的基本思路，将大的问题分解成多个小问题来解决，进而完成复杂关卡的通关要求。

 习 题

1. 调用左转命令 left() 几次，可以转到与原方向的反方向？（　　　）

　　A. 2 次　　　　　　　　　　　　B. 4 次

2. 定义一个函数，之后只能调用一次，这种说法正确吗？（　　　）

　　A. 正确　　　　　　　　　　　　B. 错误

3. 以下哪段代码是正确的函数定义？（　　　）

A. void Move2Step(){

　　move();

　　move();

　　}

B. void Move2Step{

　　move();

　　move();

　　}

4. 可以先调用函数，而函数定义放在函数调用后面吗？（　　　）

　　A. 可以　　　　　　　　　　　B. 不可以

5. 以下哪种方式是"问题分解"？（　　　）

　　A. 把"大问题"分解成若干简单的"小问题"，然后通过分别解决每个小问题，从而达到解决"大问题"的目标

　　B. 把"小问题"组合成"大问题"，然后直接解决"大问题"来达到解决小问题的目标

6. 可以在一个函数定义中调用另一个自己定义的函数吗？（　　　）

　　A. 可以　　　　　　　　　　　B. 不可以

7. 以下哪种函数的命名更好？（　　　）

　　A. void TakeOne() {

　　　　}

B. void A(){

　　}

第4章
for 循环

在编写代码时，需要重复执行多次的代码可以由for循环语法来实现。for循环不仅可以指定哪些代码可以被多次运行，还可以控制执行代码的次数，很好地提升了编写代码的效率和可读性。

4.1　什么是循环

　　同学，当你听到"循环"这个词时，脑海里能想到什么图形？

　　我想一想，一个圆形吧。

　　很好，老师再进一步描述一下这个圆形。

　　好的。

　　这个圆形有开始点，有结束点，开始与结束点挨着，手指从起点开始沿着圆边移动，移动到结束点，然后从结束点到达开始点，并且继续移动，这样一直进行下去，这就是"循环"，对不对？

　　是的。

　　在编程中有个语法也叫"循环"，它的效果如同老师描述的圆形一样。

　　是吗，老师快给我们介绍一下编程中的"循环"吧。

　　编程中的循环可以理解为一组命令的重复执行。举个简单的例子，主角先执行"向前移动"和"收集南瓜"的命令，重复执行这两个命令 10 次，这就是循环。

　　根据不同的循环条件，循环分为 for 循环和 while 循环，本章给大家介绍的是 for 循环。

4.2　for循环语法

在图 4.1 所示的场景中，主角要收集前方的 4 个南瓜，大家动脑筋思考一下，应该怎么做呢？

图 4.1　示例场景

　　大家首先应该想到的就是重复写 4 次移动命令 move() 和收集命令 take()，将所有南瓜收集起来，代码应该是下面这个样子的。

代码

```
move();
take();
```

```
move();
take();
move();
take();
move();
take();
```

似乎这样收集南瓜也没有什么问题，但是大家想一想，如果主角前方有 100 个南瓜，应该怎么办呢？重复写 100 次，这样写代码太麻烦了。使用 for 循环就可以简化代码，先介绍一些 for 循环的语法。

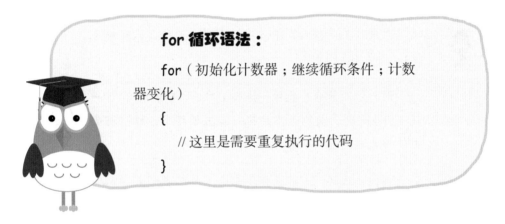

for 循环语法：

for（初始化计数器；继续循环条件；计数器变化）
{
　　// 这里是需要重复执行的代码
}

简单地讲，for 循环是由"初始化计数器""继续循环条件"和"计数器变化"组成的。小括号中的内容控制循环的次数，大括号中的内容是需要循环执行的代码。

学习了 for 循环的语法，就可以把收集 4 个南瓜的代码修改成使用 for 循环的结构。

代码

```
for(int i=0; i<4; i++){
    move();
    take();
}
```

上面的代码中，"int i=0"是"初始化计数器"，表示循环变量 i 从初始值 0 开始，int 是变量类型的声明方式，i 是一个整数类型的变量，这部分的内容会在后面的章节继续介绍。

"i<4"是"继续循环条件"，表示循环没有超过 4 次就继续执行循环，否则就停止循环，变量 i 用来控制循环次数。

"i++"是"计数器变化"，表示每循环一次，i 都在原来的数值基础上加 1。

在前面的 4 次循环中，i 的值分别是 0、1、2 和 3，都满足"i<4"的条件。在第 4 次循环结束后，当 i 的值变为 4，此时就不满足"i<4"的条件，for 循环就停止了。

老师，不是执行到第 4 次结束吗，为什么代码中是 i<4，不是 i<5 呢？

因为初始是从 0 开始，执行 1 次，i 就增加 1，想一想，当 i=3 时，是不是已经执行 4 次循环了，所以满足条件的表达式是 i<4。

哦，是这样，不能只根据表达式的值来判断循环的次数，要结合初始值。

是的。

我明白了，如果初始值是 1，也就是 int i=1，满足循环的表达式就是 i<5，表示循环了 4 次，如果初始值为 0，表达式就是 i<4。

太棒了，同学理解得非常正确！

4.3 关卡案例

4.3.1 初识循环

关卡编号：3-1

关卡难度：*

通关条件：南瓜 5 个，开关 0 个。

关卡目标：使用 for 循环来重复执行代码。

关卡 3-1 场景图如图 4.2 所示。

 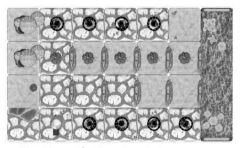

图 4.2 关卡 3-1 场景图

本关卡中需要收集 5 个南瓜，大家思考一下这些南瓜和传送门的分布有什么特点？

首先，主角每次通过传送门，都会站在旁边一列的起点位置；其次，所有传送门到南瓜的距离相等。这样就可以使用 for 循环收集所有的南瓜了，需要让循环执行几次呢？这需要大家动动脑筋了。

```
for (int i = 0; i < 5; i++)
{
    move();
    move();
    take();
    move();
}
```

for 循环需要执行 5 次，每次循环收集一列砖块上的南瓜。

循环的初始化计数器 i 设置为 0，继续循环条件设置为 i<5，每次循环 i 增加 1。这样就可以让 for 循环执行 5 次，在每次循环中，都使用 move() 命令前进 2 格，使用 take() 命令收集南瓜，再使用 move() 命令进入传送门。

关卡 3-1 通关路线图如图 4.3 所示。

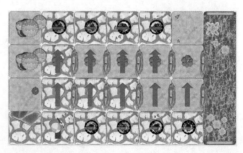

图 4.3　关卡 3-1 通关路线图

4.3.2 循环一周

关卡编号：3-2

关卡难度：*

通关条件：南瓜4个，开关0个。

关卡目标：使用for循环收集四边的南瓜。

关卡3-2场景图如图4.4所示。

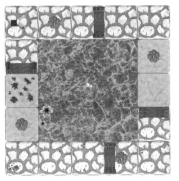

图4.4 关卡3-2场景图

本关卡中需要收集4个南瓜，这些南瓜的分布特点是位于正方形四个边上，相对位置也是相同的。主角收集一条边上南瓜的代码，可以在for循环中多次使用。

代码

```
for(int i = 0; i < 4; i++){
    move();
    take();
```

```
            move();
            move();
            move();
            right();
        }
```

根据南瓜的分布位置，主角先移动 1 格收集南瓜，接下来再向前移动 3 格，然后右转，主角又站在下一条边的起点上。使用 for 循环执行上面的代码 4 次就可以收集到全部的南瓜。关卡 3-2 通关路线图如图 4.5 所示。

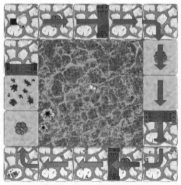

图 4.5　关卡 3-2 通关路线图

 折返开关

 关卡说明

关卡编号：3-3

关卡难度：**

通关条件：南瓜 0 个，开关 8 个。

关卡目标：使用 for 循环打开所有开关。

关卡 3-3 场景图如图 4.6 所示。

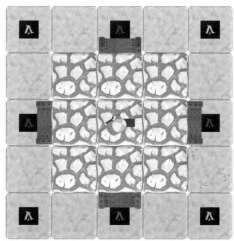

图 4.6　关卡 3-3 场景图

本关卡中共有 8 个开关,其中 4 个处于"关闭"状态,4 个处于"打开"状态。因此,完成关卡的关键是打开 4 个"关闭"状态的开关。

"关闭"状态的开关位于正方形四条边的中心上,距离主角的初始位置都有 2 格。这样的开关分布,可以方便地使用 for 循环来打开这些"关闭"状态的开关。

代码

```
for(int i=0; i<4; i++){
    move();
    move();
    toggle();
    left();
    left();
    move();
    move();
    left();
}
```

首先打开主角初始位置前面的开关,然后主角回到初始位置,转身朝向下一个开关方向,这样的过程使用 for 循环重复 4 次就可以打开所有的开关。关卡 3-3

通关路线图如图 4.7 所示。

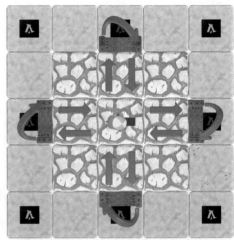

图 4.7　关卡 3-3 通关路线图

 循环传送

 关 卡 说 明

关卡编号：3-4

关卡难度：**

通关条件：南瓜 0 个，开关 8 个。

关卡目标：识别传送门所产生的重复模式。

关卡 3-4 场景图如图 4.8 所示。

本关卡中需要收集 5 个南瓜，需要大家找到这 5 个南瓜和传送门的分布规律。

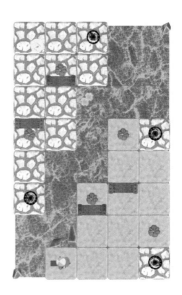

图 4.8 关卡 3-4 场景图

如果找不出规律,可以用笔在主角可能的行进线路上画出移动轨迹,看能不能找出规律。找到这个规律,就可以使用 for 循环收集所有的南瓜了。

代码

```
for(int i = 0 ; i < 5; i++){
    move();
    left();
    move();
    move();
    take();
    right();
}
```

从主角的初始位置出发,先向前移动 1 格,然后左转移动 2 格,收集南瓜,然后向右转。这里就完成了第一个南瓜的收集,收集第二个南瓜也是一样的过程。这样就可以使用 for 循环,让收集第一个南瓜的代码重复运行 5 次,从而收集关卡中所有的南瓜。关卡 3-4 通关路线图如图 4.9 所示。

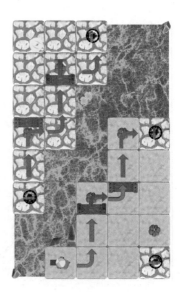

图 4.9　关卡 3-4 通关路线图

 重复模式

 关 卡 说 明

关卡编号：3-5

关卡难度：**

通关条件：南瓜 0 个，开关 3 个。

关卡目标：将重复模式分解成函数和 for 循环。

关卡 3-5 场景图如图 4.10 所示。

本关卡中需要打开 3 个开关，这些开关分布在 3 条支线路径的尽头。在每条支线路径上，主角都要走到开关的位置，打开开关，然后回到支线起点位置。

这个关卡有一定的难度，要完成关卡目标，需要综合运用已经学习过的命令、函数和 for 循环等知识。

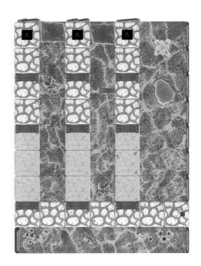

图 4.10 关卡 3-5 场景图

代码

```
void Move7Step(){
  for(int i=0;i<7;i++){
    move();
  }
}

for(int i = 0; i<3 ; i++) {
  move();
  move();
  right();
  Move7Step();
  toggle();
  left();
  left();
  Move7Step();
  right();
}
```

完成支线任务的命令集合可以定义成一个函数，然后使用 for 循环重复调用这个函数。

首先，定义前进 7 步的函数 Move7Step()，用来从支线路径的起点走到开关的位置。

然后，让主角完成一条支线路径的打开开关的过程：向前移动 2 格，右转，然后使用函数 Move7Step() 来到开关所在砖块上，打开开关，转身，再调用函数 Move7Step() 回到分支路线起始位置，向右转。

最后，将"支线代码"放在 for 循环中，循环次数设定为 3，这样就可以打开 3 个支线路径上的所有开关。

关卡 3-5 通关路线图如图 4.11 所示。

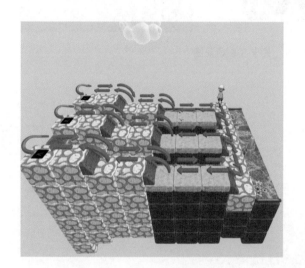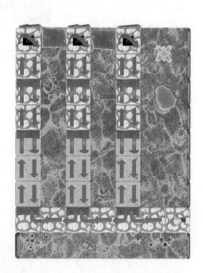

图 4.11　关卡 3-5 通关路线图

知识小课堂

在编写代码时，大括号和小括号都是成对出现的，永远不会出现单数的情况。因此，书写代码时一定要检查好大括号和小括号，不能丢失。

4.3.6　多个模式

关卡说明

关卡编号：3-6

关卡难度：***

通关条件：南瓜6个，开关6个。

关卡目标：将多个模式分解成函数和 for 循环。

关卡 3-6 场景图如图 4.12 所示。

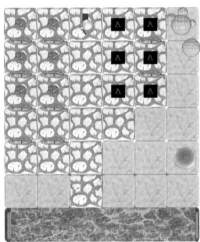

图 4.12　关卡 3-6 场景图

本关卡中需打开 6 个开关和收集 6 个南瓜，开关和南瓜分布在 3 列中，并且都是左右对称分布的。

因为每列上南瓜和开关的位置都相同，可以使用 for 循环重复执行这些命令。为了代码规整易读，可以分别定义收集南瓜的函数和打开开关的函数。

代码

```
void OpenTwoSwitch(){
  move();
  toggle();
  move();
  toggle();
  left();
  left();
  move();
  move();

}

void TakeTwoReward(){
  move();
  take();
  move();
  take();
  left();
  left();
  move();
  move();
}

for (int i = 0 ; i<3; i++){
  left();
  OpenTwoSwitch();
  TakeTwoReward();
  right();
  move();
}
```

知识小课堂

　　Open 的中文含义是打开，Two 是两个的意思，Switch 表示开关，Take 表示收集，Reward 的本意是"奖励"，这里指代南瓜。

首先定义函数 OpenTwoSwitch()，此函数的功能是打开两个开关。主角起始位置距离最近的开关1个砖块，且面向开关方向；函数运行结束后，回到起始位置，背向开关方向。

代码

```
void OpenTwoSwitch(){
  move();
  toggle();
  move();
  toggle();
  left();
  left();
  move();
  move();
}
```

然后定义函数 TakeTwoReward()，此函数的功能是收集两个南瓜。主角起始位置距离最近的南瓜1个砖块，且面向南瓜方向；函数运行结束后，回到起始位置，背向南瓜方向。

代码

```
void TakeTwoReward(){
  move();
  take();
  move();
  take();
  left();
  left();
  move();
  move();
}
```

有了函数 OpenTwoSwitch() 和函数 TakeTwoReward()，下面使用 for 循环收集南瓜和打开开关，因为有 3 条支线路径，循环的次数设定为 3。

代码

```
for (int i = 0 ; i<3; i++){
    left();
    OpenTwoSwitch();
    TakeTwoReward();
    right();
    move();
}
```

关卡 3-6 通关路线图如图 4.13 所示。

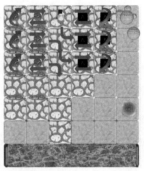

图 4.13　关卡 3-6 通关路线图

4.3.7　十字分布

关卡说明

关卡编号：3-7

关卡难度：***

通关条件：南瓜 16 个，开关 0 个。

关卡目标：组合所学技能，使用循环、函数分解问题。

关卡 3-7 场景图如图 4.14 所示。

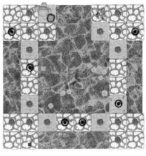

图 4.14 关卡 3-7 场景图

本关卡中需收集 4 组共计 16 个南瓜。4 组南瓜在场景的 4 个角落，每组有 4 个南瓜，呈现"山"字形。虽然每组南瓜的方向不太一致，但排布方式是一样的。

每组南瓜旁边都有 1 个传送门，位于"山"字底部中间。

通过分析场景中南瓜的部分特点，大家应该可以找到收集这些南瓜的方法。

代码

```
void TurnBack(){
  left();
  left();
}

void TakeGroup(){
  move();
  take();
  left();
  move();
  take();
  TurnBack();
  move();
  left();
  move();
  take();
  TurnBack();
  move();
```

```
        left();
        move();
        take();
        move();

    }

    for( int i = 0; i< 4; i++ ){
        TakeGroup();

    }
```

根据南瓜分布的规律，定义函数 TakeGroup() 来收集 1 组南瓜，然后用 for 循环重复 4 次执行函数 TakeGroup() 来收集所有南瓜。

为了使用方便，先定义让主角转身的函数 TurnBack()。

代码

```
        void TurnBack(){
          left();
          left();
        }
```

函数 TakeGroup() 收集 1 组南瓜。收集每组南瓜的顺序相同，都是先收集中心位置南瓜，然后顺时针收集其他 3 个南瓜。

代码

```
        void TakeGroup(){
          move();
          take();
          left();
          move();
          take();
          TurnBack();
```

```
        move();
        left();
        move();
        take();
        TurnBack();
        move();
        left();
        move();
        take();
        move();
    }
```

使用 for 循环执行 4 次 TakeGroup()，就可以收集 4 组南瓜。在每组南瓜收集完毕后，主角会通过传送门到达另一组南瓜旁边。

代码

```
for( int i = 0; i< 4; i++ ){
    TakeGroup();


}
```

关卡 3-7 通关路线图如图 4.15 所示。

 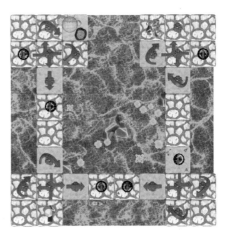

图 4.15 关卡 3-7 通关路线图

4.4　本章总结

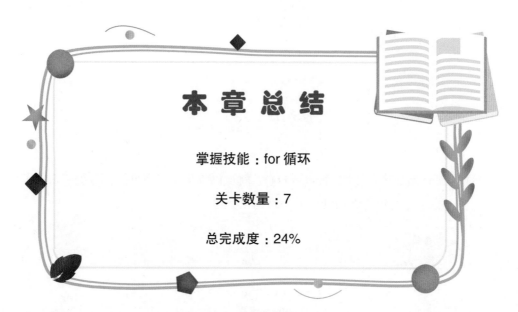

本章总结

掌握技能：for 循环

关卡数量：7

总完成度：24%

　　本章学习了如何使用 for 循环来多次运行特定的代码，并且首次接触了变量声明和布尔条件表达式。通过 for 循环与函数的组合，可以编写出优雅、简练的代码。

 习　题

1. 以下哪部分代码是正确的？（　　　　）

A. for (i = 0; i < 3; i++)

    {

    }

B. for (int i = 0; i < 3; i++)

    {

    }

2. 以下哪部分代码可以循环 3 次？（　　　　）

A. for (int i=1;i<3;i++)

    {

    }

B. for (int i=0;i<3;i++)

    {

    }

3. 以下哪部分代码是循环 4 次的？（　　　　）

A. for (i=0;i<4;i++)

    {

    }

B. for (int i=0;i>4;i++)

    {

    }

4. 以下哪部分代码会让计数器 i 产生 3、4、5、6 的值？（　　　　）

A. for (int i=3;i<6;i++)

    {

    }

B. for (int i=3;i<7;i++)

    {

    }

5. 以下哪部分代码会让计数器 i 产生 4、3、2、1、0 的值？（　　　　）

A. for (int i=4;i>=0;i--)

    {

    }

B. for (int i=4;i>0;i--)

    {

    }

第 5 章
if 判断

　　在代码编程中，经常需要对不同的情况做出不同的选择。if判断可以根据不同情况执行不同代码，如果满足判断条件就执行指定的命令组合，如果不满足判断条件，就不执行指定的命令组合。

5.1 if 语句

 老师，我有一个问题。

同学，有什么问题？

 在前面的关卡中，有些关卡中部分开关已经打开了。

是的。

 我看到图片中开关是亮的，所以我没有再次打开，如果我无法判断开关是否是打开状态，那怎么办呢？如果已经是打开状态，再执行打开，就会关闭。

能够提出这个问题，说明同学认真学习和思考了，在编程中经常会遇到类似的问题，要先判断，然后才能决定是否执行。

 是的，老师。我就不知道如何判断选择。

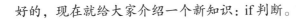

好的，现在就给大家介绍一个新知识：if判断。

if判断就像在衣柜中选衣服。衣柜中有很多漂亮的衣服，有短袖T恤、长袖T恤、外套，也有羽绒服，大家怎么选择呢？首先，大家要根据天气环境来选择，如果现在是春天，那就选择长袖T恤；如果现在是夏天，那就选择短袖；如果现在是秋天，那就选择穿上外套；如果现在是冬天，就要选择穿上羽绒服，这就是选择判断。

下面用一个例子讲解如何使用 if 判断，如图 5.1 所示。

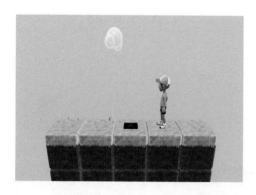

图 5.1 if 判断场景

这个场景中主角前方有 1 个开关，开关可能是"关闭"状态，也可能是"打开"状态。也就是说，只能在程序运行过程中才能确定开关的状态。

如果不对开关状态进行判定就执行开关切换命令 toggle()，就可能将已经打开的开关关上。因此，决定是否执行 toggle() 命令，就需要先使用 if 判断语句来判定开关的状态。

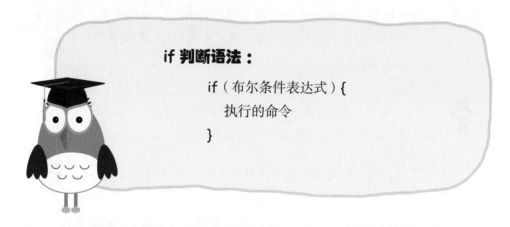

if 判断语法：

if（布尔条件表达式）{

执行的命令

}

if 是判断语句的标识，后面的小括号中是表示判定条件的布尔条件表达式，满足条件执行的代码放在大括号中。

如果小括号中的布尔表达式成立，就会执行大括号中的代码；反之，如果小括号中的布尔表达式不成立，则不会运行大括号中的代码。这样，if判断就可以根据具体情况来确定需要执行的代码。

在介绍完if判断语句的语法后，这里给出判断开关状态并执行toggle()命令的代码。

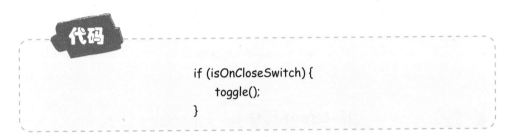

```
if (isOnCloseSwitch) {
    toggle();
}
```

isOnCloseSwitch是布尔表达式。布尔表达式只有两个结果：真（true）和假（false）。当结果是"真"则说明条件成立，当结果是"假"则说明条件不成立。

以isOnCloseSwitch为例，这是一个系统提供的布尔变量，表示主角是否站在一个处于关闭状态的开关上。如果isOnCloseSwitch的值是true（真），表示主角站在关闭状态的开关上；如果值是false（假），表示主角没有站在处于关闭状态的开关上。

5.2 else if 语句

if判断语句是对一种条件的判断，如果要判断第二种条件，就要使用else if语句。这里先给出一个else if语句的适用场景，如图5.2所示。

在这个场景中，主角前方的砖块上有1个物品，可能是开关，也可能是南瓜。如果是这样，不仅要检测开关状态，还要检测是否是南瓜。因此单一的if判断无法满足此场景，增加else if语句则可以满足场景物品判断的要求。

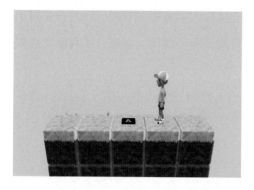

图 5.2　else if 语句场景

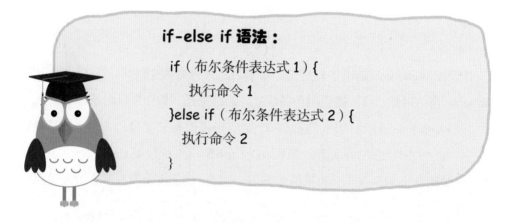

if-else if 语法：

if（布尔条件表达式 1）{

　　执行命令 1

}else if（布尔条件表达式 2）{

　　执行命令 2

}

　　else if 语句不能单独使用，需要先使用 if 语句进行第一个条件的判断，再使用 else if 语句对另一个条件进行判断。else if 的语法格式与 if 相似，在小括号中的是布尔条件表达式，需要执行的特定代码放在大括号中。

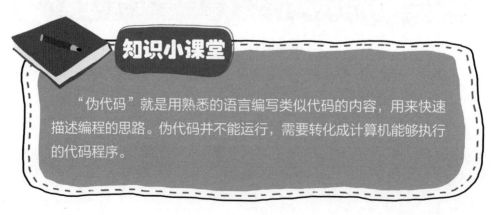

知识小课堂

　　"伪代码"就是用熟悉的语言编写类似代码的内容，用来快速描述编程的思路。伪代码并不能运行，需要转化成计算机能够执行的代码程序。

伪代码

```
if ( 是关闭的开关 ) {
   打开开关
}else if ( 是南瓜 ) {
   收集南瓜
}
```

这里的"伪代码"描述场景中南瓜和开关的条件判断过程。首先判断是否是关闭状态的开关,如果是就打开开关;如果不是,再判断是否是南瓜,如果是南瓜,就收集南瓜。

有了伪代码,如何将伪代码转换为可以运行的代码,这个需要大家动脑筋思考一下。

将伪代码转换为可以运行代码的过程,一般是保持代码的基本结构不变,将自然语言描述的部分替换成程序命令就可以了。

代码

```
if (isOnCloseSwitch) {
   toggle();
}else if (isOnReward){
   take();
}
```

这就是将示例场景的伪代码转换为可以运行的代码。

其中,isOnCloseSwitch 在 5.1 节已经介绍过,表示主角是否站在一个处于关闭状态的开关上。

isOnReward 表示主角是否站在一个有南瓜的砖块上。单词 Reward 意思是奖励,这里用来指代关卡中需要收集的南瓜。

5.3　else 语句

if 和 else if 语句可以对多种条件进行判断，对于其余没有指定的条件判断，就要使用 else 语句。这里先给出一个 else 语句的适用场景，如图 5.3 所示。

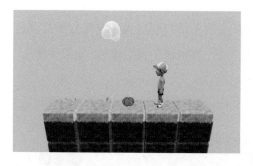

图 5.3　else 语句场景

主角前方可能有一个南瓜，也可能什么都没有。主角向前移动 1 格，如果站在有南瓜的砖块上，就收集南瓜，否则就再前进 1 格。

根据前面学过的 if 语句，可以很容易地写出第一个条件的判断，但如果不符合第一个条件，剩下的所有情况都要前进 1 格。这样的情况适合使用 else 语句，表示在 if 语句描述条件都不符合的情况下，运行 else 中的代码。

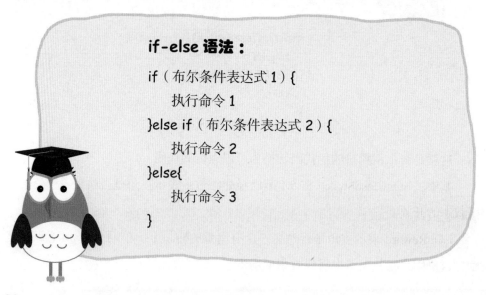

if-else 语法：

```
if（布尔条件表达式 1）{
    执行命令 1
}else if（布尔条件表达式 2）{
    执行命令 2
}else{
    执行命令 3
}
```

else 语句也不能单独使用，需要与 if 语句一起使用。else 语句放在 if 语句和 else if 语句的最后，表示所有不符合之前条件判断的情况。

在 if-else 语法中，如果不满足"布尔条件表达式 1"，也不满足"布尔条件表达式 2"，此时则会执行 else 大括号中的"执行命令 3"。

在示例场景中，前进 1 格后判断是否有南瓜，有则收集南瓜，没有则再前进一格。使用 if 语句和 else 语句写出的代码如下：

```
move();
if (isOnReward){
    take();
}else{
    move();
}
```

考一考　给大家看一段更加复杂的代码，里面包含了 if 语句、else if 语句和 else 语句，大家能不能读懂其中的内容？

```
if (isOnReward){
    take();
}else if (isOnCloseSwitch){
  toggle();
}else{
  move();
}
```

上面这段代码的意思是：如果有南瓜就收集南瓜；如果有关闭的开关，就打开开关；条件都不符合，就向前前进一步。

if、else if 和 else 在实际编程中需要组合使用，主要的组合模式有如下 4 种。

模式 1:	**模式 2:**

if (条件 A) {
　代码 1
}
	if (条件 A) {
	　代码 1
	}else if(条件 B){
	　代码 2
	}else if (条件 C){
	　代码 3
	}

模式 3:	**模式 4:**

if (条件 A) {
　代码 1
}else if (条件 B){
　代码 2
}else{
　代码 3
}
	if (条件 A) {
	　代码 1
	}else{
	　代码 2
	}

模式 1：适用于判断如果满足条件 A，就执行特定代码 1。

模式 2：适用于判断分别满足条件 A、B、C 时，分别执行代码 1、代码 2、代码 3。

模式 3：适用于判断分别满足条件 A、B 时执行特定代码 1 和代码 2，其余情况执行代码 3。

模式 4：适用于判断如果满足条件 A 则执行特定代码 1，其余情况执行代码 2。

在条件判断中，if 和 else 只能出现一次，else 表示所有之前没有描述过的情况；而 else if 则可以出现多次，每出现一次表示判断一种条件。

5.4　流程图

流程图是一种图形化的描述方法，是为了获得问题的解决方案而需执行的命令组合和操作顺序。由于流程图的直观性，可以很方便地表达复杂的算法和过程，这有利于快速理解算法和命令流程。

图 5.4 所示是一个修理电灯的流程图。流程图有"开始"和"结束"，中间包括很多步骤和描述，例如"电灯不工作了""维修电灯""插电源""换灯泡"；还包括一些判断的内容，例如"灯泡坏了吗？"和"电源插好了吗？"。

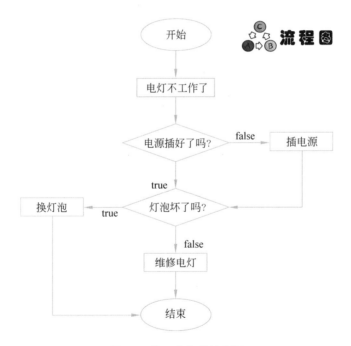

图 5.4　修理电灯的流程图

流程图是有规范的，常用的符号如图 5.5 所示。

图 5.5　流程图常用符号

5.5　关卡案例

 老师，if 判断的 4 种模式我已经了解。

很好，这 4 种模式是最基本的模式。

 我对这些 if 判断模式的使用还不熟练。

没关系，大家可以通过关卡练习，更好地掌握 if 判断。

 哦，那我还要多加练习。

是的，大家要加油呀。

5.5.1　检查开关

关卡编号：4-1

关卡难度：*

通关条件：南瓜 0 个，开关 3 个。

关卡目标：使用 if 语句打开关闭着的开关。

关卡 4-1 场景图如图 5.6 所示。

图 5.6　关卡 4-1 场景图

本关卡中需要打开 3 个开关，这些开关会在代码运行时随机改变状态，可能是打开的状态，也可能是关闭的状态。因此，要先判断开关状态，再选择是否执行 toggle() 命令。

建议在写代码前多单击几次"运行"按钮，仔细观察随机出现物品的位置和数量，有助于写出正确的代码。

```
for(int i=0;i<3;i++){
    move();
    if (isOnCloseSwitch){
        toggle();
    }
}
```

这些开关分布在同一列上，每移动一格就会站在一个开关上，主角站在每个开关上面时，都要使用 if 判断语句对开关的状态进行判断，如果开关处于关闭的状态，就要执行 toggle() 语句；反之就不要执行。关卡 4-1 通关路线图如图 5.7 所示。

图 5.7　关卡 4-1 通关路线图

5.5.2 使用 else if

关 卡 说 明

关卡编号：4-2

关卡难度：*

通关条件：南瓜 1 个，开关 1 个。

关卡目标：使用 if 和 else if 来打开开关或收集南瓜。

关卡 4-2 场景图如图 5.8 所示。

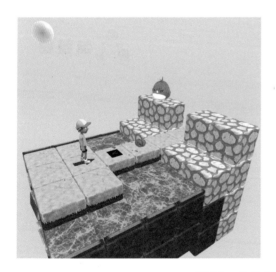 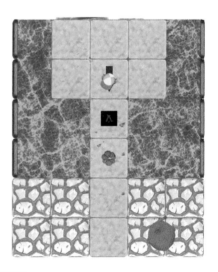

图 5.8 关卡 4-2 场景图

本关卡中，需要收集 1 个南瓜和打开 1 个开关。在主角前方的 2 个砖块上，会出现 1 个南瓜和 1 个开关，南瓜和开关的出现前后顺序是随机的，因此要先判断是南瓜还是开关，再决定是调用收集南瓜的命令，还是切换打开开关的命令。

代码

```
move();
if (isOnCloseSwitch) {
    toggle();
}else if (isOnReward) {
    take();
}
move();
if (isOnCloseSwitch) {
    toggle();
}else if (isOnReward) {
    take();
}
```

主角共前进 2 格，每前进 1 格，都要判断是要收集南瓜，还是要打开开关。具体过程可以参考流程图，如图 5.9 所示。关卡 4-2 通关路线图如图 5.10 所示。

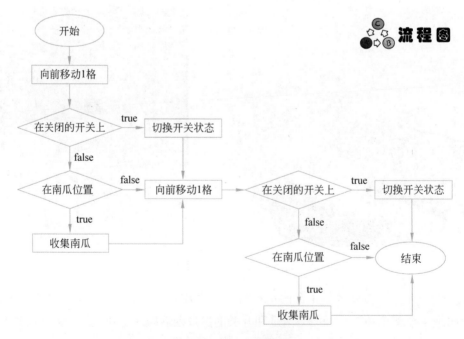

图 5.9　关卡 4-2 流程图

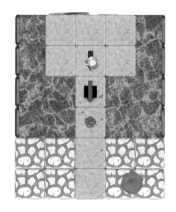

图5.10 关卡4-2通关路线图

 循环条件

 关 卡 说 明

关卡编号：4-3

关卡难度：*

通关条件：动态条件。

关卡目标：在循环中使用 if 语句来切换开关或收集南瓜。

关卡4-3场景图如图5.11所示。

本关卡在10个砖块上会随机出现南瓜和开关，开关的状态也是随机的。主角每移动1格，就要做一次判断：如果砖块上有南瓜，则收集南瓜；如果遇到关闭的开关，则将它打开；如果是已经打开的开关，则前行即可。

因为要在10块砖上做相同的判断，所以使用 for 循环是较好的选择。

主角只要直行就可以经过10块出现开关或南瓜的砖块，其间会经过1次传送门，因此 for 循环要执行11次。对于砖块上物品的判断与5.5.2节的逻辑相同，大家可以参考给出的示例代码。关卡4-3通关路线图如图5.12所示。

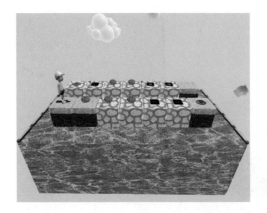
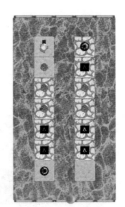

图 5.11　关卡 4-3 场景图

```
for (int i = 0; i < 11; i++)
{
  move();
  if (isOnReward){
    take();
  }else if (isOnCloseSwitch){
    toggle();
  }
}
```

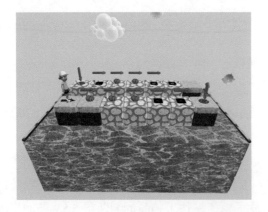
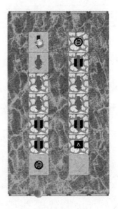

图 5.12　关卡 4-3 通关路线图

5.5.4 使用 else

关卡说明

关卡编号：4-4

关卡难度：*

通关条件：南瓜 4 个，开关 0 个。

关卡目标：主角走到南瓜位置使用 if 语句触发一组命令。

关卡 4-4 场景图如图 5.13 所示。

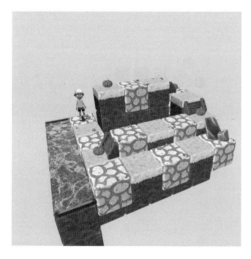 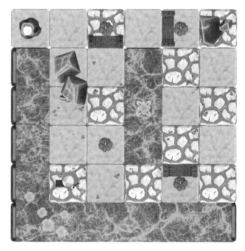

图 5.13　关卡 4-4 场景图

本关卡中需要收集 4 个南瓜，这些南瓜的位置很有趣，都在需要转向的砖块上。这种情况下，收集南瓜的位置就是主角需要转向的位置。因为只需要判断是否有南瓜，没有南瓜就前进，采用 if 和 else 组合最为合适。

代码

```
for (int i = 0; i < 12; i++)
{
    move();
    if (isOnReward)
    {
     take();
     left();
    }

}
```

　　主角需要移动 12 次才能经过所有南瓜，每走 1 格都要做 1 次判断。判断是否有南瓜，如果有就收集，收集后左转；如果没有南瓜则直接前进 1 格。代码中使用了 for 循环和 if-else 语句，具体逻辑参考流程图，如图 5.14 所示。关卡 4-4 通关路线图如图 5.15 所示。

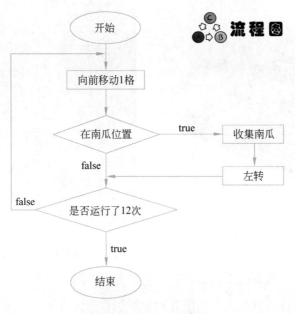

图 5.14　关卡 4-4 流程图

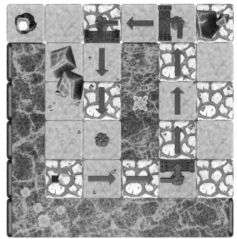

图 5.15　关卡 4-4 通关路线图

5.5.5 巧妙运用

关卡说明

关卡编号：4-5

关卡难度：**

通关条件：动态条件。

关卡目标：使用函数、循环和判断来收集南瓜或打开开关。

关卡 4-5 场景图如图 5.16 所示。

本关卡中一共有 6 个南瓜和开关，出现的位置是固定的，但是这些位置上出现的是南瓜还是开关是随机的，例如可能出现 1 个南瓜和 5 个开关，或者 3 个南瓜和 3 个开关。

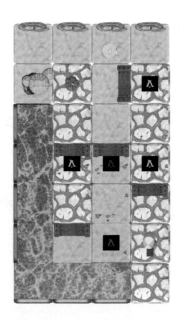

图 5.16　关卡 4-5 场景图

在这个关卡场景中可以分解成 3 条线路，每条路线上都有 2 个位置会出现南瓜或开关。因为物品出现的间隔相同，可以使用 for 循环来重复执行 3 条路线的代码，并可以将物品的判断和主角走一条路线的代码分别定义成不同的函数，这样就把复杂的问题分解成了简单的问题。

代码

```
void TakeOrToggle(){
 if (isOnReward){
  take();
 }else if (isOnCloseSwitch){
  toggle();
 }

}


void WalkOneLine(){
 for( int i = 0 ;i<4;i++){
```

```
        move();
        TakeOrToggle();


      }
    }


    WalkOneLine();
    left();
    move();
    left();
    WalkOneLine();
    right();
    move();
    right();
    WalkOneLine();
```

首先，定义第一个函数 TakeOrToggle()，用来判断当前砖块上是关闭状态的开关还是南瓜，根据不同物品进行不同的动作。

代码

```
void TakeOrToggle(){
  if (isOnReward){
    take();
  }else if (isOnCloseSwitch){
    toggle();
  }
}
```

然后，定义行函数 WalkOneLine()，让主角完成 1 条支线的任务。主角向前移动 4 格，每次调用函数 TakeOrToggle() 收集南瓜或者打开开关。

代码

```
void WalkOneLine(){
    for( int i = 0 ;i<4;i++){
        move();
        TakeOrToggle();
    }
}
```

最后，调用 3 次 WalkOneLine() 函数，让主角完成所有支线的任务。

代码

```
WalkOneLine();
left();
move();
left();
WalkOneLine();
right();
move();
right();
WalkOneLine();
```

关卡 4-5 通关路线图如图 5.17 所示。

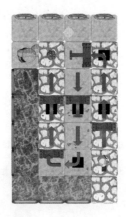

图 5.17 关卡 4-5 通关路线图

5.5.6 围困其中

关卡说明

关卡编号：4-6

关卡难度：**

通关条件：动态条件。

关卡目标：运用判断、函数和循环来逃出包围。

关卡 4-6 场景图如图 5.18 所示。

 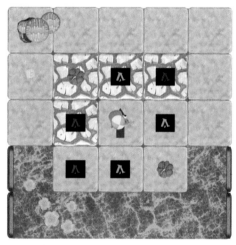

图 5.18　关卡 4-6 场景图

本关卡中，需要收集的南瓜或打开的开关一共有 8 个。大家会发现主角被南瓜或开关包围着，这些物品的位置是固定的，但是这些位置上出现的南瓜、开关是在运行时随机变化的。

主角可以由起点开始，顺时针方向或逆时针方向收集南瓜和切换开关。

 知识小课堂

"=="是一种布尔型表达式，结果只有真和假，当 == 两侧值相同时为真，否则为假，如 4==4 结果就是真。大家一定要区分"=="和"="的区别，"="是赋值，而不是布尔型表达式。

 代码

```
void TakeOrToggle(){
    if(isOnCloseSwitch){
        toggle();
    }else if(isOnReward){
        take();
    }
}

for(int i=0;i<8;i++){
  move();
  TakeOrToggle();
  if(i==0){
      left();
  }else if(i==1){
      left();
  }else if(i==3){
      left();
  }else if(i==5){
      left();
  }
}
```

首先，函数 TakeOrToggle() 与关卡 4-5 的功能和代码一样，这里就不再说明。然后，分析主角的行动路线。主角首先向前移动 1 格，然后逆时针行走。因

为使用 for 循环控制主角前进，i 是从 0 开始，因此当 i 为 0、1、3、5 时，主角需要根据位置进行转向判断，不同的位置转向不同。这样主角就可以逆时针走完所有的砖块。

关卡 4-6 通关路线图如图 5.19 所示。

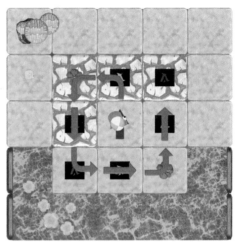

图 5.19 关卡 4-6 通关路线图

  决定路线

关卡说明

关卡编号：4-7

关卡难度：***

通关条件：南瓜 6 个，开关 3 个。

关卡目标：根据路径上的物品改变路线。

关卡 4-7 场景图如图 5.20 所示。

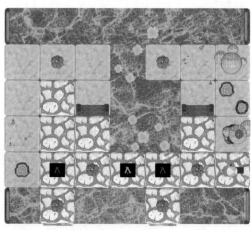

图 5.20　关卡 4-7 场景图

本关卡需要收集 6 个南瓜和打开 3 个开关。南瓜或开关的位置是固定的。

主路线沿着主角所朝向的方向延伸,途中出现了 4 条岔路。其中,2 条"较长"的岔路起点在主路线上有南瓜的位置上,2 条"较短"的岔路起点在主路线上有关闭状态开关的位置上。

```
void GoRightSide(){
    take();
    right();
    move();
    move();
    move();
    left();
    move();
    take();
    right();
    right();
    move();
    right();
    move();
    move();
```

```
            move();
            right();
        }

        void GoLeftSide(){
          toggle();
          left();
          move();
          take();
          left();
          left();
          move();
          left();

        }

        for (int i = 0; i < 5; i++)
        {
            move();
            if (isOnReward)
            {
                GoRightSide();
            }else if (isOnCloseSwitch)
            {
                GoLeftSide();
            }
        }
```

首先，定义走"较长"岔路的函数 GoRightSide()。此函数的目标是收集远处的南瓜，并回到主路线上。

```
        void GoRightSide(){
            right();
            move();
```

```
        move();
        move();
        left();
        move();
        take();
        right();
        right();
        move();
        right();
        move();
        move();
        move();
        right();
    }
```

然后再定义走"较短"岔路的函数 GoLeftSide()。此函数的目标是收集近处的南瓜，并回到主路线上。

代码

```
void GoLeftSide(){
    left();
    move();
    take();
    left();
    left();
    move();
    left();

    }
```

最后利用 for 循环，循环 5 次走完主路线。如果主路线上有南瓜，则调用函数 GoRightSide() 走"较长"的岔路；如果有关闭的开关，则调用函数 GoLeftSide()

走"较短"的岔路。

```
for (int i = 0; i < 5; i++)
{
    move();
    if (isOnReward)
    {
        GoRightSide();
        take();
    }else if (isOnCloseSwitch)
    {
        GoLeftSide();
        toggle();
    }
}
```

关卡 4-7 通关路线图如图 5.21 所示。

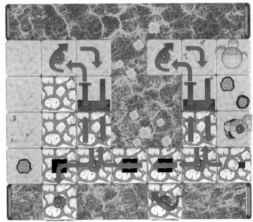

图 5.21　关卡 4-7 通关路线图

5.6　本章总结

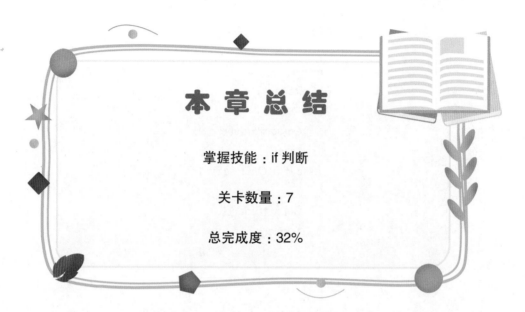

本 章 总 结

掌握技能：if 判断

关卡数量：7

总完成度：32%

在本章中，大家学习了 if 判断语句的几种模式：if 、if-else、if-else if 和 if-else if-else，要根据具体情况来判断使用哪种模式。另外，本章还学习了 3 个布尔变量 isOnCloseSwitch（是否在关闭的开关上）、isOnOpenSwitch（是否在打开的开关上）和 isOnReward（是否在有南瓜的位置上）。

习　题

1. 以下哪部分代码可以把关闭的开关打开？（　　　）

A. if (isOnCloseSwitch)　　　　　　B. if(isOnOpenSwitch)

```
{                                    {
    toggle();                            toggle();
}                                    }
```

2. 以下哪部分代码可以把打开的开关关闭？（　　　）

A. if (isOnCloseSwitch)

    {

       toggle();

    }

B. if(isOnOpenSwitch)

    {

       toggle();

    }

3. 以下哪部分代码是先判断是否有南瓜，再判断是否是关闭的开关？（　　　）

A. if (isOnCloseSwitch)

    {

       toggle();

    }else if(isOnReward) {

       take();

    }

B. if(isOnReward)

    {

       take();

    }else if(isOnCloseSwitch)

       {

          toggle();

       }

4. 以下哪部分代码是走 5 步，并且每步都判断是否可以收集南瓜？（　　　）

A. for (int i=0;i<5;i++)

    {

       if(isOnReward) {

       take();

       }else{

       move();

       }

    }

B. for (int i=0;i<5;i++)

    {

       if(isOnReward) {

       take();

       }

       }

5. 以下哪部分代码是站在关闭的开关上就打开开关，否则就前进一步？

（　　　）

A. if(isOnCloseSwitch){

       toggle();

    }else if(isOnOpenSwitch){

       move();

    }

B. if(isOnCloseSwitch){

       toggle();

    }else{

       move();

    }

6. 以下哪种模式更适合于不满足条件 A 就执行特定代码 2 的情况？（　　）

A. if (条件 A){
　　代码 1
　}else if(条件 B){
　　代码 2
　}

B. if (条件 A){
　　代码 1
　}else{
　　代码 2
　}

第6章
逻 辑 运 算

　　逻辑运算可以更加灵活地组合布尔变量，在if判断中设定更加复杂的判断条件。本章介绍3种逻辑运算，分别是逻辑非运算、逻辑与运算和逻辑或运算。

6.1 移动受阻变量

学完前几章，我发现我对编程越来越感兴趣了！

非常好！第 5 章就有些难度了，你学得怎么样？

第 5 章的 if 判断，除了学习条件判断的使用模式，还学习了两个布尔变量：isOnCloseSwitch 和 isOnReward。

对于布尔变量，老师想问你个问题。

好的，老师，您问吧。

布尔变量 isOnReward 的含义是"在南瓜的位置"，那如果要表达"不在南瓜的位置"，要怎么写代码呢？

这个问题我没有想过。

老师现在就告诉大家一种运算来解决这个问题：逻辑运算。在讲逻辑运算之前，老师先给大家介绍几个新的系统变量，用来描述主角移动受阻的情况。

移动受阻是指主角在某些方向上的移动是不可行的，移动方向上有障碍物（砖块或者水面等）会阻止主角移动。移动受阻包括前方受阻、左方受阻和右方受阻。

移动受阻变量就是系统提供的布尔变量，表明主角在某个方向上的移动是否会受到阻碍。

6.1.1 前方受阻

isMoveBlock

功能：主角前方是否受阻

说明：true表示受阻，false表示不受阻

系统提供的布尔变量 isMoveBlock，用来表示主角的前进方向是否受到阻碍，如图 6.1 所示。当 isMoveBlock 为 true 时，表示主角是不可以前进的，前方可能有障碍物（水或悬空位置等）；当 isMoveBlock 为 false 时，主角是可以前进的。

isMoveBlock为true　　　　　　isMoveBlock为false

图 6.1　前方受阻

有了 isMoveBlock 这个系统变量，就可以在主角前方有障碍物时让主角转向。isMoveBlock 是一个实时更新的系统变量，这个变量会在主角每次移动、转向或经过传送门后进行更新，这样就可以随时知道主角前方的受阻情况。

左方受阻

isLeftBlock

功能：主角左方是否受阻

说明：true表示受阻，false表示不受阻

布尔变量 isLeftBlock，用来表示主角的左方是否受到阻碍，如图 6.2 所示。当 isLeftBlock 为 true 时，表示主角左方受阻，左侧可能有障碍物（水或悬空位置等）；当 isLeftBlock 为 false 时，表示主角左侧没有受阻，此时主角左转后至少可以前进 1 块砖。

isLeftBlock为true   isLeftBlock为false

图 6.2　左方受阻

isLeftBlock 是一个实时更新的系统变量，变量的更新时机和 isMoveBlock 完全一样。

isLeftBlock 和 isMoveBlock 两个变量可以联合使用，例如主角可能遇到"前方和左方同时受阻"，或者"前方或左方受阻"的情况，就可以同时使用这两个变量进行判断。

 6.1.3 右方受阻

isRightBlock

功能：主角右方是否受阻

说明：true表示受阻，false表示不受阻

布尔变量 isRightBlock，用来表示主角的右方是否受到阻碍，如图 6.3 所示。当 isRightBlock 为 true 时，表示主角右方受阻；当 isRightBlock 为 false 时，表示主角右侧没有受阻。

isRightBlock为true　　　　　　isRightBlock为false

图 6.3　右方受阻

有了这 3 个实时更新的受阻变量，就可以根据 6.2 节学习的布尔运算，对更加复杂的情况进行分析判断了。

 最后总结一下表示主角受阻情况的 3 个布尔变量，如表 6.1 所示。

表 6.1　表示主角受阻情况的 3 个布尔变量

布尔变量	说　　明
isMoveBlock	当结果为 true 时，表示不可以前进。当结果为 false 时，表示可以前进
isLeftBlock	当结果为 true 时，表示主角左侧有障碍物；当结果为 false 时，表示左侧没有障碍物
isRightBlock	当结果为 true 时，表示主角右侧有障碍物；当结果为 false 时，表示右侧没有障碍物

6.2　非运算

逻辑运算又称为布尔运算，可以将布尔变量用逻辑非运算符（!）、逻辑与运算符（&&）和逻辑或运算符（‖）组合起来，表示复杂的逻辑关系运算。可以用在 if 判断和第 7 章要学习的 while 循环的条件判断中。逻辑运算示意图如图 6.4 所示。

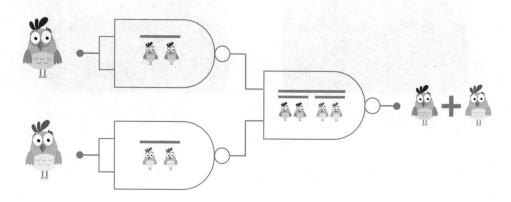

图 6.4　逻辑运算示意图

先来介绍第一个逻辑运算：逻辑非运算。逻辑非运算产生反转效果，只有当条件不成立时，逻辑运算结果才成立。逻辑非运算用"!"表示，后面连接一个布尔变量。

当 A 为 true 时，!A 则为 false；反之，A 为 false 时，!A 则为 true，如表 6.2 所示。

其中的 A 指代大家学习过的任何布尔变量，例如 isOnReward。

表 6.2　逻辑非运算

A	!A
true	false
false	true

当 isOnReward 为 true 时，!isOnReward 则为 false；当 isOnReward 为 false 时，!isOnReward 则为 true。

这里也可以换一种理解方式，isOnReward 是一个表示"在有南瓜的位置"的布尔变量，那么 !isOnReward 则可表示"在没有南瓜的位置"的布尔变量。

下面给出目前学过的几个系统变量在逻辑非运算后的含义，如表 6.3 所示。

表 6.3　几个系统变量在逻辑非运算后的含义

系 统 变 量	含　义	系 统 变 量	含　义
isOnReward	在有南瓜的位置	!isOnReward	在没有南瓜的位置
isOnCloseSwitch	在关闭的开关上	!isOnCloseSwitch	不在关闭的开关上
isOnOpenSwitch	在打开的开关上	!isOnOpenSwitch	不在打开的开关上

这里有一个示例场景说明如何使用逻辑非运算，如图 6.5 所示。主角站在平台的边缘，目标是走到平台上有呆呆鸟的砖块位置，无须收集南瓜。如果想让主角走到目标的砖块，就要在"没有南瓜的位置右转"，这样的代码该如何写呢？

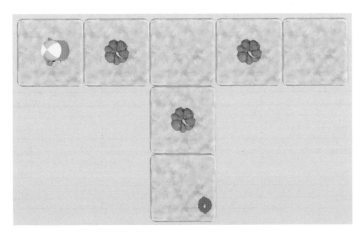

图 6.5　逻辑非运算示例场景

因为 !isOnReward 表示"在没有南瓜的位置",这样就可以使用 if 判断对逻辑非运算后的布尔变量 isOnReward 进行判断,代码如下所示。

代码

```
for(int i = 0 ;i<4;i++){
  move();
  if (!isOnReward){
    right();
  }
}
```

6.3 与运算

6.2 节介绍了逻辑非运算(!),下面介绍第二个逻辑运算符:逻辑与运算(&&)。

逻辑与运算是用来判断是否多个条件同时成立,只有当所有条件都成立时,逻辑运算的结果才成立,如表 6.4 所示。逻辑与运算符号用"&&"符号表示,用来连接两个或多个布尔变量。

表 6.4　逻辑与运算

A	B	A&&B
true	true	true
false	false	false
true	false	false
false	true	false

这里有一个示例场景说明如何使用逻辑与运算，如图 6.6 所示。主角站在平台的边缘，目标是走到平台上有红色呆呆鸟的砖块上，无须打开开关。如果想让主角走到目标砖块，就要在同时出现左方受阻和关闭开关的位置左转，这样的代码该如何写呢？

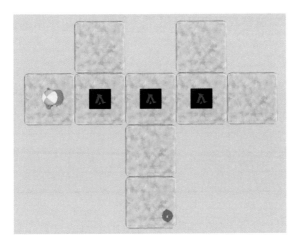

图 6.6 逻辑与运算示例场景

代码

```
for(int i = 0 ;i<4;i++){
  move();
  if (isLeftBlock && isOnCloseSwitch){
    right();
  }
}
```

"同时出现左方受阻和关闭开关的位置左转"可以使用 isLeftBlock && isOnCloseSwitch，逻辑与运算连接两个条件，表示两个条件必须同时满足才能够运行大括号中的代码。

6.4 或运算

已经给大家介绍过两个逻辑运算：逻辑非运算 (!) 和逻辑与运算 (&&)。下面介绍最后一个逻辑运算：逻辑或运算 (||)。

在逻辑或运算中，多个条件中只要有一个条件成立，逻辑运算的结果就成立，如表 6.5 所示。逻辑或运算符号用"||"符号表示，用来连接两个或多个布尔变量。

表 6.5 逻辑或运算

A	B	A||B
true	true	true
false	false	false
true	false	true
false	true	true

下面还是用一个示例场景说明如何使用逻辑或运算，如图 6.7 所示。在一个正方形的平台上，目标是主角沿着平台"行走一圈，无须收集南瓜，无须打开开关"。如果想让主角"行走一圈，无须收集南瓜，无须打开开关"，这样的代码该如何写呢？

代码

```
for(int i = 0 ;i<8 ;i++){
    move();
    if (isOnReward || isOnCloseSwitch){
        right();
    }
}
```

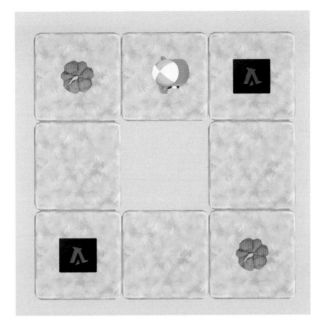

图 6.7　逻辑或运算示例场景

平台的转弯处都有南瓜或者关闭的开关，主角需要在这些位置右转，使用逻辑或运算连接系统布尔变量 isOnReward 和 isOnCloseSwitch，这样就可以在任何一个条件满足时右转。

在学习过的 3 种逻辑运算中，可以单独使用其中一种，也可以组合使用，现在总结这些逻辑运算符，如表 6.6 所示。

表 6.6　3 种逻辑运算

名　　称	符　　号	说　　明
逻辑非运算符	!	反转布尔值，表示如果不满足这个条件，则逻辑运算结果为真
逻辑与运算符	&&	结合多个条件，且所有条件为真时逻辑运算结果为真
逻辑或运算符	||	结合多个条件，其中任何一个条件为真时逻辑运算结果为真

6.5 关卡案例

6.5.1 非运算

关 卡 说 明

关卡编号：5-1

关卡难度：*

通关条件：南瓜 4 个，开关 0 个。

关卡目标：使用逻辑非运算符，在没有南瓜时调整路线。

关卡 5-1 场景图如图 6.8 所示。

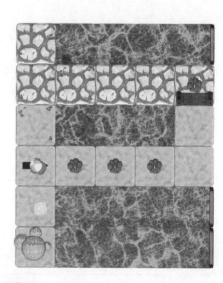

图 6.8　关卡 5-1 场景图

本关是一个动态关卡，需要收集 4 个南瓜，南瓜的位置在每次运行时都会有变化。有 3 个南瓜位于楼梯上面，1 个南瓜位于楼梯下面。因为南瓜的位置会变化，楼梯的位置也随南瓜的位置变化，保证让主角可以通过楼梯走到下面平台的南瓜位置上。

代码

```
for (int i = 0; i < 4; i++)
{
  move();
  if (!isOnReward){
    left();
    move();
    move();
    take();
    left();
    left();
    move();
    move();
    left();
  }else{
    take();
  }
}
```

用逻辑非运算让主角在没有南瓜的位置左转，去收集台阶下面的南瓜。如果站在有南瓜的位置，就收集南瓜。

伪代码

```
if (!isOnReward){
    收集台阶下的南瓜；
}else{
    收集中央砖块上的南瓜；
}
```

最后通过 for 循环控制主角的移动次数，保证主角可以收集到场景中的所有南瓜。

关卡 5-1 通关路线图如图 6.9 所示。

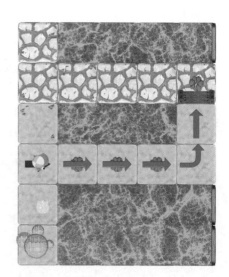

图 6.9　关卡 5-1 通关路线图

 6.5.2　非之螺旋

 关卡说明

关卡编号：5-2

关卡难度：**

通关条件：南瓜 0 个，开关 1 个。

关卡目标：使用逻辑非运算符，在受阻时左转。

关卡 5-2 场景图如图 6.10 所示。

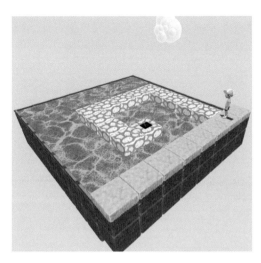
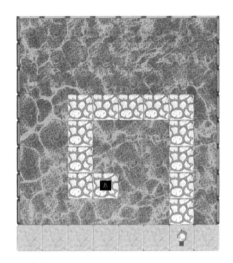

图 6.10　关卡 5-2 场景图

本关卡是动态关卡，水面上的砖块一共 13 个，这些砖块数量是不变的，但是位置会有所变化。在砖块的尽头会有 1 个开关，打开开关就可以完成关卡目标，如图 6.11 所示。

图 6.11　关卡 5-2 砖块与开关分布图

本关卡的关键是判断应该在什么时候左转。使用布尔变量 isMoveBlock 检测主角前方是否受阻，如果受阻就左转前进；如果不受阻，就直接前进。

```
for (int i = 0; i < 13; i++)
{
  if (!isMoveBlock){
    move();
  }else{
    left();
    move();
  }
}
toggle();
```

```
if (!isMoveBlock){
    前进;
}else{
    左转;
    前进;
}
```

关卡 5-2 通关路线图如图 6.12 所示。

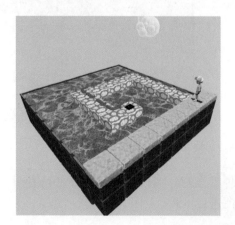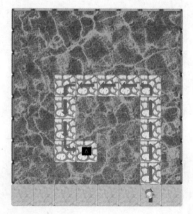

图 6.12　关卡 5-2 通关路线图

6.5.3 与运算

关卡编号：5-3

关卡难度：*

通关条件：南瓜 7 个，开关 4 个。

关卡目标：使用逻辑与运算符，在两者均为真时调整路线。

关卡 5-3 场景图如图 6.13 所示。

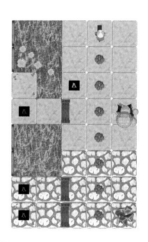

图 6.13 关卡 5-3 场景图

　　本关卡需要收集 7 个南瓜和打开 4 个开关，南瓜和开关的位置都是固定的。所有的南瓜排成一排，有 3 个开关需要打开，每个开关都在主角的右侧。主角走到这些开关的位置，需要右转去打开开关，大家看出主角受阻的情况有什么特点了吗？

代码

```
for (int i = 0; i < 7; i++)
{
    move();

    if (isOnReward && isLeftBlock){
        right();
        move();
        move();
        move();
        toggle();
        right();
        right();
        move();
        move();
        move();
        right();
    }

    take();
}
```

主角在右转去打开开关时，会同时满足站在有南瓜的位置和左侧受阻的条件。这样，就可以使用逻辑与运算（&&）将 isOnReward 和 isLeftBlock 连接起来，判断主角是否同时满足这两个条件。如果满足条件，就让主角向右转去打开开关，然后转身回到有南瓜的位置。

伪代码

```
if (isOnReward && isLeftBlock){
    右转去打开开关，并返回；
}
```

关卡 5-3 通关路线图如图 6.14 所示。

图 6.14 关卡 5-3 通关路线图

6.5.4 或运算

关卡说明

关卡编号：5-4

关卡难度：**

通关条件：南瓜 1 个，开关 0 个。

关卡目标：使用逻辑或运算符，在有一个条件成立时调整路线。

关卡 5-4 场景图如图 6.15 所示。

本关卡需要收集在砖块中包围的那个南瓜。南瓜 3 个方向被阻隔着，主角需要经过传送门到达南瓜所在的区域附近。

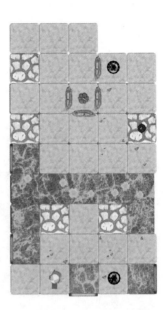

图 6.15　关卡 5-4 场景图

在主角前进的过程中，可能前方受阻或左边受阻。这时可以使用逻辑或运算来检查主角受阻情况，并根据实际需要进行转向，使主角围绕砖块前进并最终到达南瓜的位置。

```
for (int i = 0; i < 12; i++)
{
    if (isMoveBlock || isLeftBlock){
        right();
    }
    move();
}

take();
```

使用逻辑或运算来检查前方受阻或左边受阻，在满足其中一个条件的情况下，让主角右转。这样，主角就可以围绕砖块到达南瓜的位置。

伪代码

```
if (isMoveBlock || isLeftBlock){
    左转；
}
```

关卡 5-4 通关路线图如图 6.16 所示。

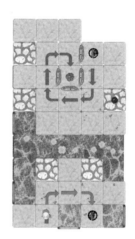

图 6.16 关卡 5-4 通关路线图

 逻辑迷宫

 关卡说明

> 关卡编号：5-5
>
> 关卡难度：***
>
> 通关条件：南瓜 7 个，开关 6 个。
>
> 关卡目标：使用逻辑运算符和条件代码在关卡世界中通行。

关卡 5-5 场景图如图 6.17 所示。

 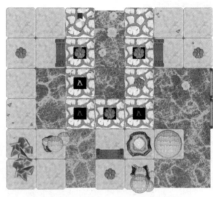

图 6.17　关卡 5-5 场景图

本关需要收集 7 个南瓜和打开 5 个开关，有些砖块上只有开关，有些砖块上只有南瓜，而有些砖块上既有开关又有南瓜。这些既有开关又有南瓜的砖块，就是过关的"关键"所在。

代码

```
for (int i = 0; i < 8; i++)
{
    move();
    if (isOnReward && isOnCloseSwitch){
        take();
        toggle();
        right();
        move();
        move();
        take();
        right();
        right();
        move();
        move();
        right();

    }
```

```
if (isOnCloseSwitch){
    toggle();
    left();
}

if (isOnReward){
    take();
}

}
```

主角中心区域的路线称为"主线",去收集外围的 3 个南瓜的路线称为"支线"。那些既有南瓜又有关闭状态开关的砖块,是主角需要右转的位置。主角在这些位置右转后去收集支线的南瓜,然后再返回主线。

伪代码

```
if (isOnReward && isOnCloseSwitch){
    收集南瓜;
    打开开关;
    转向去收集支线的南瓜;
    返回主线;
}
```

主角在主线上有两次左转,都在有关闭开关的位置上,这样的位置只有开关没有南瓜。因此使用 isOnCloseSwitch 进行判断即可。

伪代码

```
if (isOnCloseSwitch){
    打开开关;
    左转;
}
```

关卡 5-5 通关路线图如图 6.18 所示。

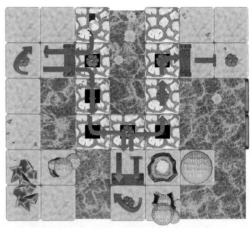

图 6.18　关卡 5-5 通关路线图

6.6　本章总结

本 章 总 结

掌握技能：逻辑运算

关卡数量：5

总完成度：38%

本章介绍了 3 种逻辑运算符：逻辑非运算符（！）、逻辑与运算符（&&）和逻辑或运算符（‖）。逻辑非运算表示反转布尔值；逻辑与运算在所有条件都为真时，结果为真；逻辑或运算只要有一个条件为真时，结果为真。

 习 题

1. 以下哪部分代码表示该位置没有南瓜？（　　）

　　A. isOnReward　　　　　　　　B. !isOnReward

2. !isOnOpenSwitch 和 isOnCloseSwitch 所表达的条件是一样的吗？（　　）

　　A. 一样　　　　　　　　　　　B. 不一样

3. 以下哪部分代码表示主角前方不受阻？（　　）

　　A. !isMoveBlock　　　　　　　B. isMoveBlock

4. 以下哪部分代码是主角同时在南瓜的位置和左侧受阻？（　　）

　　A. if (isOnReward && isLeftBlock){　　B. if (isOnReward){

　　　　}　　　　　　　　　　　　　　　}

　　　　　　　　　　　　　　　　　　　if (isLeftBlock){

　　　　　　　　　　　　　　　　　　　}

5. 以下哪部分代码是当主角右侧受阻或者在南瓜位置时，有一个条件成立就前进一个方格？（　　）

　　A. if (isOnReward ‖ isRightBlock) {　　B. if (isOnReward && isRightBlock) {

　　　　　move();　　　　　　　　　　　　　move();

　　　　}　　　　　　　　　　　　　　　　}

第7章
while 循环

　　while循环是区别于for循环的另一种常用的循环语句。在while循环中，不需要定义循环次数，只需要设定循环条件，在满足条件的情况下，循环就会一直进行。

7.1 循环代码

我们已经学习了很多编程知识，大家还记得都有哪些吗？

我想一想，有命令、函数、if 判断，对了，还有 for 循环。

非常好，我再问你一个 for 循环的问题。

好的，老师。

for 循环是如何运行循环的？

for 循环中有循环计数器，通过循环表达式能够知道需要运行多少次循环。

是的，回答得很好。假如有一个场景不知道要循环多少次，但是需要使用循环，你知道怎么办吗？

不知道，老师，是不是有新的知识要学习了？

没错，今天要给大家介绍另外一种循环：while 循环。这个 while 循环就能解决老师提出的问题。

第 4 章学习的 for 循环，适用于明确知道循环次数的场景中。如果循环的次数不能确定，就不能使用 for 循环。

这里介绍一个新的循环：while 循环，可以不必指定循环次数，而是根据条件判断来决定是否需要进行循环。因为有 if 判断的基础，理解 while 循环应该并不困难，下面给出 while 循环的结构和写法。

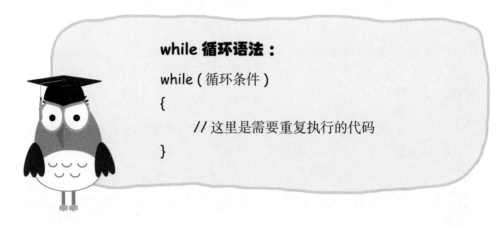

while 循环语法：

```
while ( 循环条件 )
{
        // 这里是需要重复执行的代码
}
```

while 循环与 if 语句非常相似，小括号里面的"循环条件"控制着循环的次数。在循环条件为真的情况下，循环会持续进行；当循环条件为假时，循环将立即停止。

代码

```
while (!isMoveBlock)
{
   move();
}
```

上面的代码是使用 while 循环的一个示例，表示只要主角没有前方受阻，就一直向前走。这样的代码适用于无法预知主角前进步数的情况，例如砖块的数量是随机的，或者需要主角在没有满足条件的情况下持续行走。

考一考　如果主角站在一个"一"字形的平台上，平台的长度是随机的，可能是 4 个砖块，也可能是 5 个砖块。在这样的平台上，主角如何从平台的一端走到另一端？示例场景如图 7.1 所示。

图 7.1　示例场景

代码

```
while(!isMoveBlock){
    move();
}
```

最好的方法就是使用 while 循环。因为平台的长度会变化，因此只要将 while 循环的条件设定为前方不受阻（!isMoveBlock），就可以让主角在前方不受阻时一直向前走，直到走到平台的尽头。

7.2　循环嵌套

while 循环语句在实际的编程中会经常被用到，本节介绍 while 循环的高级使用方法：循环嵌套。循环嵌套是在一个循环中嵌套另一个循环。

老师，循环嵌套我可以理解成组合吗？

循环嵌套不是组合，你可以理解成包含。

能不能举一个形象的例子呢？

老师想一下，比如你站在地上转圈，地球是旋转的，地球旋转就可以看成外部的循环，你转圈就是内部的循环，当然这只是个比喻。

哦，我有些明白了。

没关系，老师下面还会详细介绍循环嵌套的内容。

循环嵌套是循环语句，一个循环在另一个循环的内部。下面以两个 while 语句的循环嵌套为例，说明循环嵌套中的代码是如何执行的。

```
while (外部循环条件)
{
        // 外部循环代码模块 A
        while (内部循环条件)
        {
                // 内部循环代码模块 B


        }

        // 外部循环代码模块 C
}
```

在两个 while 循环的嵌套中，执行的逻辑是先执行外部循环代码模块 A，然后执行内部循环代码模块 B，直到内部 while 循环的条件无法满足，再执行外部循环代码模块 C。如果仍然满足外部循环条件，上述过程将重复执行。

循环嵌套除了使用两个 while 循环外，还可以用 for 循环和 while 循环组合出多种循环嵌套。这里给出了 4 种循环嵌套，如表 7.1 所示。大家可以根据实际需要选择不同的循环嵌套。

表 7.1　4 种循环嵌套

for (外部循环条件)
{
　　while (内部循环条件)
　　{
 	
　　}
}
	while (外部循环条件)
	{
	　　for(内部循环条件)
	　　{
	
	　　}
	}

while (外部循环条件)
{
　　while (内部循环条件)
　　{
 	
　　}
}
	for(外部循环条件)
	{
	　　for(内部循环条件)
	　　{
	
	　　}
	}

7.3　关卡案例

7.3.1　while 循环

关卡编号：6-1

关卡难度：*

通关条件：动态条件。

关卡目标：使用 while 循环，在关闭的开关上继续前进。

关卡 6-1 场景图如图 7.2 所示。

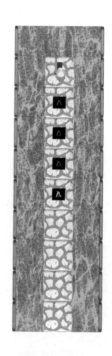

图 7.2 关卡 6-1 场景图

本关卡的任务是打开所有关闭状态的开关。开关的数量是随机的，但这些开关的排列模式是固定的，都是由一个或多个关闭状态的开关，加上一个打开状态的开关组成。

```
move();
while(isOnCloseSwitch){
    toggle();
    move();
}
```

因为开关排成一行，可以使用系统变量 isOnCloseSwitch 作为 while 的循环条件，让主角移动到关闭状态的开关上时，持续地打开开关，然后前进 1 格。这样主角刚好可以停止在最后面的那个打开的开关上。关卡 6-1 通关路线图如图 7.3 所示。

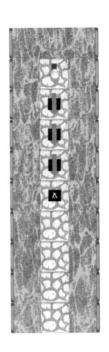

图 7.3　关卡 6-1 通关路线图

 循环和判断

关卡编号：6-2

关卡难度：*

通关条件：南瓜 0 个，开关 12 个。

关卡目标：使用 while 循环和 if 语句打开所有开关。

关卡 6-2 场景图如图 7.4 所示。

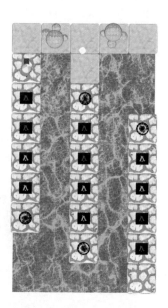

图 7.4　关卡 6-2 场景图

本关卡需要打开 12 个开关，这些开关的位置是固定的，被平均分配到 3 个平台上，各平台间通过传送门连接。主角在打开开关过程中，判断条件不能简单地使用条件 isOnCloseSwitch，否则在主角遇到传送门或已经打开的开关时，循环会停止运行。

```
while(!isMoveBlock){
  move();
  if (isOnCloseSwitch){
    toggle();
  }

}
```

在关卡 6-2 的代码中，使用变量 !isMoveBlock 作为 while 的循环条件，只要主角没有走到 3 个平台的尽头，主角就会一直持续前进并打开开关。关卡 6-2 通关路线图如图 7.5 所示。

 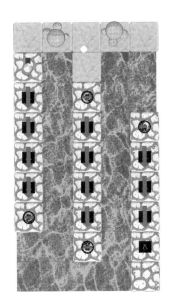

图 7.5 关卡 6-2 通关路线图

7.3.3 折线前进

关 卡 说 明

关卡编号：6-3

关卡难度：*

通关条件：南瓜 5 个，开关 0 个。

关卡目标：选取最合适的循环来收集所有南瓜。

关卡 6-3 场景图如图 7.6 所示。

本关卡的任务是需要收集 5 个南瓜，这些南瓜的位置是很有特点的。仔细观察不难发现，通过传送门的连接，这些南瓜都按照"锯齿"状分布。

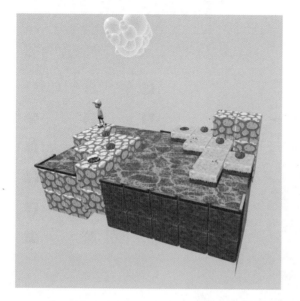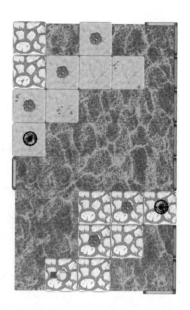

图 7.6　关卡 6-3 场景图

代码

```
void takeOneReward()
{
    move();
    left();
    move();
    take();
    right();
}

while (!isMoveBlock){
    takeOneReward()
}
```

　　代码中 while 的循环条件是 !isMoveBlock，让主角在不受阻时保持持续移动和收集。

　　关卡 6-3 通关路线图如图 7.7 所示。

　　因为南瓜的数量是固定的，因此使用 for 循环也可以完成关卡任务。在编程过程中，决定如何解决一个编程问题，有时只是个人倾向的选择而已。当面临这种选择时，可以倾向于简洁性，也可以倾向于可重用性。

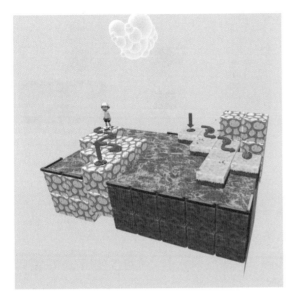
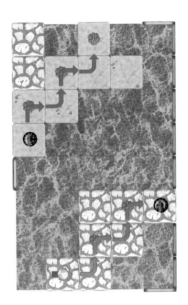

图 7.7　关卡 6-3 通关路线图

四乘四

关卡说明

关卡编号：6-4

关卡难度：**

通关条件：南瓜 0 个，开关 4 个。

关卡目标：选取最合适的循环来切换开关。

关卡 6-4 场景图如图 7.8 所示。

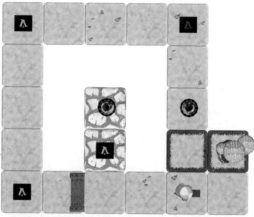

图 7.8　关卡 6-4 场景图

　　本关卡需要打开 4 个开关，每个开关都在平台边缘的拐弯位置，因此可以一次走过平台的 4 个边，分别打开每个边的开关。

　　在编程时，一个问题一般有很多种方式来实现。本关卡可以使用 while 循环或 for 循环，或者将两者组合起来使用。

```
for(int i = 0; i < 4; i++){
  while (!isMoveBlock){
    move();
    if (isOnCloseSwitch){
      toggle();
    }
  }

  right();

}
```

　　代码中使用 for 循环控制主角走过平台上的 4 个边。在 for 循环内部，嵌套while 循环，让主角在没有前方受阻时，一直向前走；前方受阻的时候，主角就走到平台边的尽头。关卡 6-4 通关路线图如图 7.9 所示。

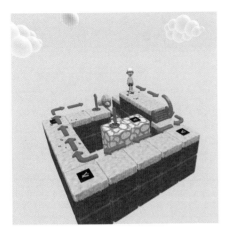

图 7.9　关卡 6-4 通关路线图

 7.3.5　南瓜环绕

关卡说明

关卡编号：6-5

关卡难度：**

通关条件：南瓜 8 个，开关 0 个。

关卡目标：使用最简洁的代码解决问题。

关卡 6-5 场景图如图 7.10 所示。

本关卡需要收集 8 个南瓜，这些南瓜围绕在主角周围，按方向分成了 4 组，每组 2 个南瓜。每组南瓜的收集过程是相同的，大家想一想要使用哪些语句。

在代码编程中，应该学会选择最适合的命令组合完成关卡任务。答案虽不分对错，但请尽可能尝试使用最简洁的代码。

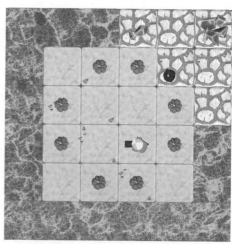

图 7.10　关卡 6-5 场景图

代码

```
for(int i=0;i<4;i++){
    move();
    left();
    while(isOnReward){
        take();
        if(!isMoveBlock){
            move();
        }else{
            left();
            move();
            right();
        }
    }
}
```

代码中使用 for - while 的循环嵌套，实现按照"4 组，每组 2 个"南瓜的方式，完成南瓜的收集任务。关卡 6-5 通关路线图如图 7.11 所示。

 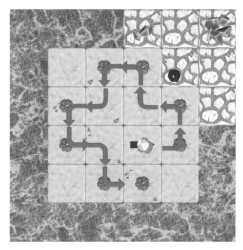

图 7.11 关卡 6-5 通关路线图

7.3.6 横纵选择

关 卡 说 明

关卡编号：6-6

关卡难度：***

通关条件：动态条件。

关卡目标：尝试找到适合的高效解决方案。

关卡 6-6 场景图如图 7.12 所示。

本关卡的南瓜和开关的数量是变化的，但开关与南瓜的排列模式是保持不变的。这一关可以找到多种不同的方案来过关，横向或者纵向前进都可以完成关卡任务，请大家找出适合自己的方案。

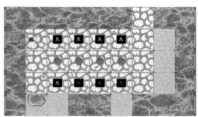

图 7.12　关卡 6-6 场景图

```
void ToggleSwitch(){
 while (!isMoveBlock){
 move();
 if (isOnCloseSwitch){
   toggle();
 }
 }
}

void TakeReward(){
 while (!isMoveBlock){
  move();
  if (isOnReward){
   take();
  }
 }
}
ToggleSwitch();
right();
move();
right();
TakeReward();
```

```
left();
move();
left();
ToggleSwitch();
```

　　根据开关和南瓜的排列，定义两个函数，函数 TakeReward() 收集一排南瓜，函数 ToggleSwitch() 打开一排开关。分别调用两次 ToggleSwitch() 和一次 TakeReward()，完成整个关卡的任务。关卡 6-6 通关路线图如图 7.13 所示。

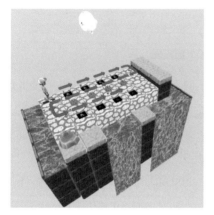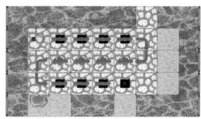

图 7.13　关卡 6-6 通关路线图

7.3.7　嵌套循环

关卡编号：6-7

关卡难度：**

通关条件：南瓜 8 个，开关 0 个。

关卡目标：在一个循环内使用另一个循环来螺旋走动。

关卡 6-7 场景图如图 7.14 所示。

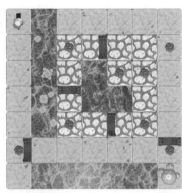

图 7.14　关卡 6-7 场景图

本关卡需要收集 8 个南瓜，这些南瓜的排列构成螺旋结构，每个转折点处都有一个南瓜。在螺旋的第一条边，主角只能向前走，直至有南瓜可以收集。在收集南瓜后，向左转，准备开始走螺旋的下一条边。这个模式一直重复，直至到达螺旋内部最远的点，且最后会被三面阻挡住。

给大家提供一个思路，可以使用两个 while 循环的循环嵌套，外循环执行重复直至受阻，内循环执行前行。

代码

```
while(!(isMoveBlock && isLeftBlock  && isRightBlock ))
{

while(!isOnReward){
    move();
}
take();
if (!(isMoveBlock && isLeftBlock  && isRightBlock )){
 left();
}
}
```

首先分析外部的 while 循环。外循环在满足主角前方、左侧和右侧同时受阻时停止循环，否则执行循环。

其次，分析内部的 while 循环。内部循环的逻辑比较简单，在主角没有走到南瓜位置前，持续前进。这样在内部 while 循环结束的时候，主角刚好站在有南瓜的砖块上，然后执行 take() 命令收集南瓜。

对于转向的判断，因为除了最后一个南瓜的位置，其他南瓜位置上主角都要执行一次左转。因此，通过 if 判断主角有没有满足前方、左侧和右侧同时受阻，如果没有同时受阻，就执行左转命令。

关卡 6-7 通关路线图如图 7.15 所示。

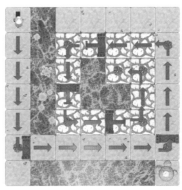

图 7.15　关卡 6-7 通关路线图

　随机矩形

 关 卡 说 明

关卡编号：6-8

关卡难度：**

通关条件：南瓜 0 个，开关 1 个。

关卡目标：使用嵌套循环和判断在不断变化的世界中走动。

关卡 6-8 场景图如图 7.16 所示。

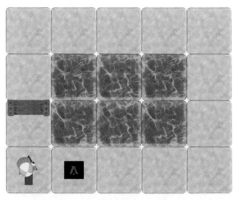

图 7.16　关卡 6-8 场景图

本关卡的任务是打开砖块尽头唯一的开关。砖块组成长方形平台，砖块数量和平台大小每次都会改变。提示，可以使用两个 while 循环嵌套，看看是否能够完成关卡任务。

```
while(!isOnCloseSwitch){
  while(isMoveBlock){
    right();
  }

  move();
}

toggle();
```

代码使用了两个 while 循环嵌套，外循环控制主角走到终点，内循环控制主角前行。内循环的停止条件是主角前方受阻，此时主角在平台边缘右转。关卡 6-8 通关路线图如图 7.17 所示。

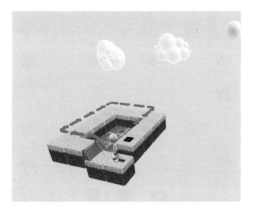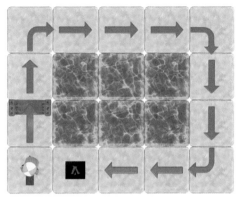

图 7.17　关卡 6-8 通关路线图

7.3.9　始终右转

关卡说明

关卡编号：6-9

关卡难度：***

通关条件：南瓜 1 个，开关 12 个。

关卡目标：使用任何你喜欢的编程结构和模式。

关卡 6-9 场景图如图 7.18 所示。

本关卡的任务是收集 1 个南瓜和打开 12 个开关。南瓜和开关的位置是固定的，但开关的状态是随机的。主角的行走路线需要经过所有的开关，最终到达南瓜所在砖块。

在编写代码时，一般都是先构思伪代码，然后将伪代码转化成代码，再进一步调整、优化，直至代码成功运行。因此，不要急于一次性将代码全写出来，应逐步调试。

 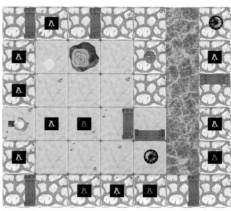

图 7.18　关卡 6-9 场景图

代码

```
while (!isOnReward){
  while(!isMoveBlock){
    move();
    if (isOnCloseSwitch){
      toggle();
    }
  }

  right();
}

take();
```

代码中使用两个 while 循环嵌套。外层 while 的循环终止条件是遇到南瓜，在没有遇到南瓜前，主角持续前进。

内层 while 循环让主角在前方无阻碍时不断前进，遇到阻碍则结束内层循环，再让主角右转，如果遇到关闭状态的开关，则打开开关。

关卡 6-9 通关路线图如图 7.19 所示。

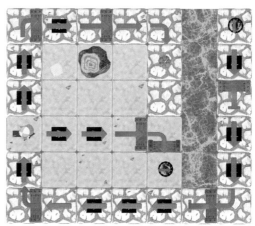

图 7.19　关卡 6-9 通关路线图

7.4　本章总结

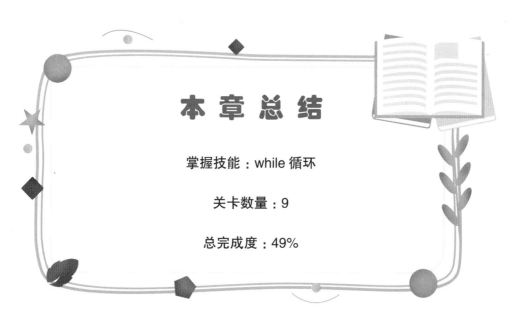

本章总结

掌握技能：while 循环

关卡数量：9

总完成度：49%

本章介绍了一种新的循环：while 循环。与 for 循环最大的区别就是不需要定义循环次数，只要满足循环条件，循环过程就会一直进行下去。while 循环和 for

呆呆鸟儿童编程——在游戏中学习

循环之间可以嵌套，通过循环嵌套可以解决一些复杂的问题。

习　题

1. 以下哪部分代码是一直向右转，直到前方受阻？（　　　）

```
A. while(!isMoveBlock){          B. while(isMoveBlock){
     right();                         right();
   }                               }
```

2. 以下哪部分代码可以实现主角一直前进到前方受阻？（　　　）

```
A. while(!isMoveBlock){          B. while(isMoveBlock){
     move();                          move();
   }                               }
```

3. 以下哪部分代码更适用于主角在前进时，前进的步数和受阻情形不能确定的情况？（　　　）

```
A. while(!isMoveBlock){          B. for ( int i=0; i<6; i++){
     move();                          move();
   }                               }
```

4. 以下哪部分代码是主角在前方不受阻的情况下一直前进，遇到左侧受阻时一直向右转，直到左侧不再受阻？（　　　）

```
A. while(!isMoveBlock)           B. while(!isMoveBlock ))
   {                               {
     move();                          move();
     while(isLeftBlock){              while(!isLeftBlock){
        right();                          right();
     }                               }
   }                               }
```

第8章
算　法

算法是一种解决问题的方法。在计算机上，算法可以清晰地描述解决问题的过程和命令集合，可以让程序代码更快、更高效率地解决问题。本章主要围绕"右手定则"算法来介绍算法的实现和完善。

8.1 右手定则

老师，算法听上去好高深呀！

算法的概念确实有些抽象，但是老师举一个实际的例子，你就明白什么是算法了。

好的，老师，我迫不及待地想知道了。

你有 3 个苹果，需要按照从大到小的顺序排列。你一定是在苹果中找到一个最大的，拿出来放在第一个位置；然后在剩下的苹果中，再找到一个最大的放在第二个位置；最后，将剩下的苹果放在第三个位置上。

嗯，老师，我就是这么想的。

这其实就是一种算法，你会按照一定的方式和规则，从苹果堆里拿苹果，按照这样的规则就可以完成排序。

哦，这就是算法呀。

是的，在编程过程中，大家只要知道算法如何应用就可以了。

哦，明白了，老师。

本章给大家介绍第一个算法：右手定则。

 算法

"右手定则"算法解决的问题是如何让主角围绕着墙的边缘前进。换个说法，就是让主角右侧一直贴着墙前进，正因为是右侧贴墙前进，所以就叫这个算法为"右手定则"。

图 8.1 中的箭头是"右手定则"的主角行进路线，这个"右手定则"是如何实现的呢？

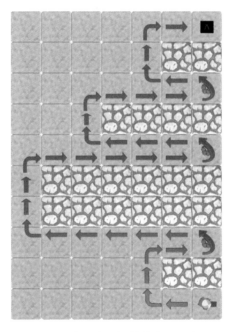

图 8.1 "右手定则"的主角行进路线

后面的内容分两步介绍"右手定则"算法：先介绍基本算法，可以完成简单的绕墙功能；再介绍完善的算法，可以在任何情况下完美实现绕墙功能。

8.1.2 基本算法

首先给出"右手定则"基本算法的伪代码，可以让主角在前方不受阻的情况下，持续"右侧贴墙前进"。

```
while (!isMoveBlock){
    if ( 右侧受阻 ) {
        前进 ();
    } else {
        右转 ();
        前进 ();
    }
}
```

在伪代码中实现"右手定则"算法的两个基本功能：在主角右侧受阻时，主角会一直前进；在主角右侧不受阻时，则会右转后再前进一步，如表 8.1 所示。

表 8.1 基本算法的基本功能

基 本 功 能	场 景 图
右侧受阻： 右侧受阻时，主角会一直向前走	
右侧不受阻： 右侧不受阻时，主角向右转，然后再向前走	

"右手定则"的基本算法可以保证主角右侧贴着墙前进，但这个算法只能绕过一个墙。在主角走到第一个墙的尽头时，主角就无法继续绕墙了，如图8.2所示。

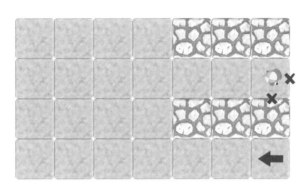

图8.2 "右手定则"的基本算法

这里分析为什么"右手定则"的基本算法会在第一个墙的尽头停下来，主要原因是基本算法没有处理主角"前方和右侧同时受阻"的情况。在"右手定则"完善算法中，会给出这种情况的处理方法。

 8.1.3 完善算法

"右手定则"的完善算法可以解决"基本算法"的缺陷，实现主角完美地右侧绕墙方案。

完善算法在基本算法的基础上，细分了"右侧受阻"的情况，分为"右侧受阻前方不受阻"和"右侧和前方同时受阻"，加上基本算法中的"右侧不受阻"，一共处理3种情况，如表8.2所示。

表8.2 完善算法的基本功能

基 本 功 能	场 景 图
右侧受阻，但前方不受阻：右侧受阻且前方不受阻时，主角会一直向前走	

续表

基 本 功 能	场 景 图
右侧不受阻：右侧不受阻时，主角向右转，然后再向前走	
右侧和前方同时受阻：右侧和前方同时受阻时，主角持续左转，直到主角前方不再受阻	

伪代码

```
while ( 持续运行条件 ){
    if ( 右侧受阻 ) {
        while ( 前方受阻 ){
            左转 ();
        }
        前进 ();
    } else {
        右转 ();
        前进 ();
    }
}
```

算法在主角右侧和前方同时受阻时，会让主角持续左转，直到主角前方不再受阻。这样就使主角可以在第一个墙的尽头实现转身功能，从而开启第二个墙的"绕墙"过程。

"右手定则"的完善算法可以让主角持续右侧"绕墙"行走，实现探索地图和搜索迷宫等功能。

8.2 关卡案例

8.2.1 右手定则

关卡说明

关卡编号：7-1

关卡难度：**

通关条件：南瓜 3 个，开关 1 个。

关卡目标：使用"右手定则"算法来绕墙走动。

关卡 7-1 场景图如图 8.3 所示。

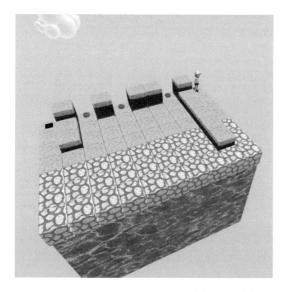
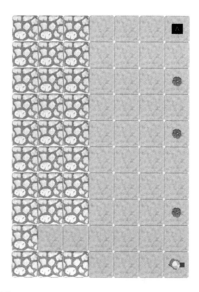

图 8.3　关卡 7-1 场景图

本关卡的任务是收集到 3 个南瓜，并打开远处的 1 个开关。每次运行时场景中的"墙壁砖块"都会变化，所以只有使用"右手定则"算法写出的代码才能有效地完成关卡任务。

```
void RoundWall()
{
  if (isRightBlock)
  {
    move();
  }
  else
  {
    right();
    move();
  }
}


while (!isOnCloseSwitch)
{
  RoundWall();
  if (isOnReward){
    take();
    left();
    left();
  }

}

toggle();
```

本关卡使用"右手定则"的基本算法就可以完成关卡任务，因为在每个墙的尽头，都有一个南瓜，可以利用这个南瓜，当主角走到南瓜的位置让主角调头。这样主角就可以重新开始"绕墙"。

伪代码

```
void 右手定则绕墙函数 (){
    if ( 右侧受阻 ) {
        前进 ();
    } else {
        右转 ();
        前进 ();
    }
}
while (! 关闭的开关 ) {
    右手定则绕墙函数 ();
    if ( 在南瓜上 ) {
        收集南瓜 ();
        向后转身 ();
    }
}
```

while 循环中使用开关作为停止主角前进的条件, 在没有到达关闭状态的开关前, 依据 "右手定则" 基本算法行进, 每次遇到南瓜就收集南瓜并调头。

关卡 7-1 通关路线图如图 8.4 所示。

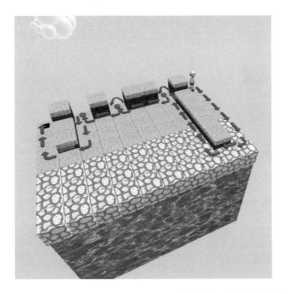
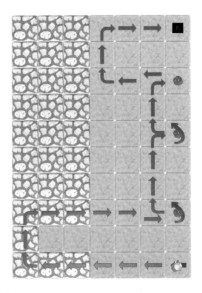

图 8.4 关卡 7-1 通关路线图

8.2.2 调整算法

 关 卡 说 明

关卡编号：7-2

关卡难度：**

通关条件：南瓜 0 个，开关 1 个。

关卡目标：调整算法来绕过其他的障碍物。

关卡 7-2 场景图如图 8.5 所示。

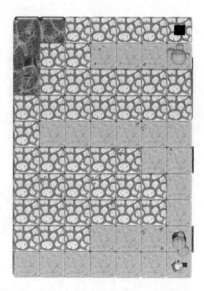

图 8.5　关卡 7-2 场景图

本关卡的目标是打开远端唯一的开关。每次运行时场景中"墙"的形状都会变化。因为没有明确的标记让主角在需要时调头，因此本关需要使用"右手定则"的完善算法沿着墙移动。

代码

```
void RoundWall()
{
  if (isRightBlock)
  {
    while (isMoveBlock){
      left();
    }
    move();
  }
  else
  {
      right();
      move();
  }
}


while (!isOnCloseSwitch)
{
  RoundWall();

}

toggle();
```

使用标准的"右手定则"完善算法就可以让主角沿着右侧的墙壁走到开关的位置，使用开关变量 !isOnCloseSwitch 作为 while 循环的停止条件。关卡 7-2 通关路线图如图 8.6 所示。

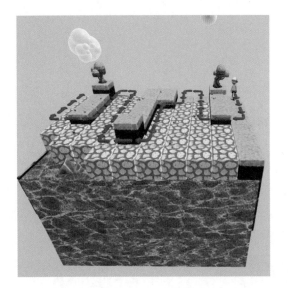
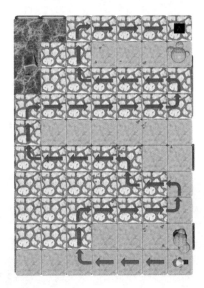

图 8.6　关卡 7-2 通关路线图

 8.2.3　探索迷宫

关卡说明

关卡编号：7-3

关卡难度：***

通关条件：南瓜 1 个，开关 0 个。

关卡目标：使用"右手定则"来通过迷宫。

关卡 7-3 场景图如图 8.7 所示。

本关卡任务是收集最边缘的 1 个南瓜。"右手定则"算法不仅可以有效通过简单关卡，还可以穿行像本关这样复杂的迷宫。可以尝试使用"右手定则"，先思考一下穿过迷宫的途径。

 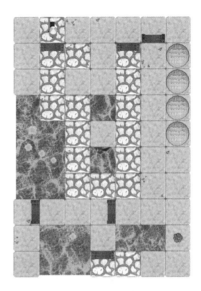

图 8.7 关卡 7-3 场景图

代码

```
void RoundWall()
{
  if (isRightBlock)
  {
    while (isMoveBlock){
      left();
    }
    move();
  }
  else
  {
    right();
    move();
  }
}


while (!isOnReward)
{
  RoundWall();
```

```
        }

    take();
```

在这个关卡中，始终遵循"右手定则"的完善算法，主角最终会到达关卡中的南瓜位置。关卡 7-3 通关路线图如图 8.8 所示。

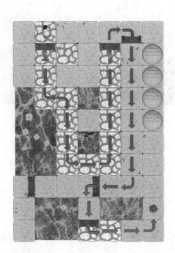

图 8.8　关卡 7-3 通关路线图

8.2.4　左转还是右转

 关卡说明

关卡编号：7-4

关卡难度：***

通关条件：南瓜 1 个，开关 6 个。

关卡目标：编写自己的算法来破解迷宫。

关卡 7-4 场景图如图 8.9 所示。

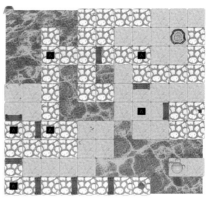

图 8.9　关卡 7-4 场景图

本关卡任务是收集 1 个南瓜并打开 6 个开关。主角需要沿着可以经过所有开关和南瓜的路线前进，在存在开关的砖块上决定是左转还是右转。

本关卡的难度较高，需要仔细观察有开关的位置都有什么特点，这样可以在算法中写出主角转向的模式。

另外，可以使用 for 和 while 的循环嵌套模式，在外层 for 循环中指定开关数量的循环次数，在 while 循环中控制主角前进和转向；在打开所有开关后，单独写一段代码收集最后的南瓜。

当然，有很多种方法可以完成关卡任务，大家可以按照自己的想法编写代码，也可以尝试本书中推荐的方法，比较一下哪种方法更好。

代码

```
for (int i=0;i<6;i++){
  while(!isOnCloseSwitch){
    move();
  }

  toggle();

  if (isMoveBlock){
```

```
                left();
            }else{
                right();
            }

        }

        while (!isOnReward){
            move();
        }

        take();
```

本关卡所有开关的位置都是主角转向的地方，左转还是右转，需要观察开关周围的情况。不难发现，当主角前方受阻时，向左转是正确的选择；其他的情况，向右转是正确的。

使用 for 循环控制主角在 6 个开关上的动作，使用 while 循环让主角在没有到达开关位置前一直保持前进。

伪代码

```
for (int i=0;i<6;i++){
  while(! 存在关闭的开关 ){
    前行；
  }
切换打开开关；
  if ( 前方受阻 ){
    向左转；
  }else{
    向右转；
  }

}
```

关卡 7-4 通关路线图如图 8.10 所示。

 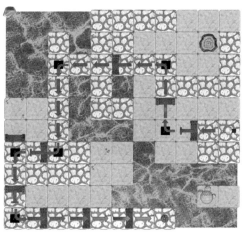

图 8.10 关卡 7-4 通关路线图

 编写算法

关 卡 说 明

关卡编号：7-5

关卡难度：***

通关条件：南瓜 8 个，开关 7 个。

关卡目标：写出收集南瓜和打开开关的最有效算法。

关卡 7-5 场景图如图 8.11 所示

本关卡任务是收集 8 个南瓜和打开 7 个开关。主角需要以"之"字形前进，经过所有的开关和南瓜。过关的关键就是找到主角需要转向的位置，分析主角在需要转向的位置上的特点，看看是否可以找到统一的转向模式。

 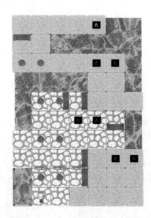

图 8.11　关卡 7-5 场景图

```
while(!isOnOpenSwitch){

    if (isOnReward){
        take();
    }

    if (isOnCloseSwitch){
        toggle();
    }

    move();

    if (isMoveBlock && isLeftBlock){
        right();
    }else if (isMoveBlock && isRightBlock){
        left();
    }
}
```

本关卡的核心问题是找到主角的转向模式，即主角在什么时候左转和右转。

通过分析主角转向位置的特点，主角前方和左侧受阻时应向右转，主角前方和右侧受阻时应向左转，这就是主角在前进过程中的转向规律。关卡 7-5 通关路线图如图 8.12 所示。

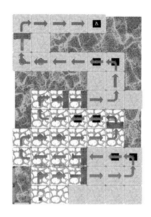

图 8.12 关卡 7-5 通关路线图

通常来说，过关的算法有很多种，组织代码的方式也是多种多样的。如果大家不能立刻找到关卡的解决方案，那也没关系。编程本来就是需要尝试不同的解决方案，直至找到最适合的一个方案来解决难题。

8.3 本章总结

本 章 总 结

掌握技能：算法

关卡数量：5

总完成度：55%

本章重点介绍了右手定则算法,这是一种高效率的探索地图的方法。通过右手定则的学习,基本掌握了编写算法的规则和方法。

习 题

1. "伪代码"是采用容易懂的措辞和结构,可以使用中英文书写,在没有编程障碍的情况下表达我们的想法。判断这句话是否正确。(   )

A. 正确   B. 错误

2. "伪代码"是可以运行的。判断这句话是否正确。(   )

A. 正确   B. 错误

3. "右手定则"算法可以实现哪项功能?(   )

A. 让主角右侧贴墙前进   B. 让主角一直向右侧转身

第9章
变量

　　变量是编程过程中存储数据的"盒子"，通过变量名称可以方便地找到系统提供的变量，或者是自己定义的变量。变量的命名需要遵循驼峰式命名法。

我们已经学习了很多编程知识。

是的，我已经闯过了很多关卡。

你是否记得 isOnReward、isMoveBlock、i 这些变量呢?

记得呀，变量 isOnReward 表示是否存在南瓜，isMoveBlock 表示前方是否受阻，i 是 for 循环中控制循环次数的变量。

没错，这些在编程中的"名称指代数据"，叫作变量。

变量?

对，"变量"。在编程中有两种变量：系统变量和自定义变量，老师会详细介绍这两种变量。

好的，老师，咱们快开始吧。

9.1 系统变量

系统变量听起来很陌生，实际上大家早就开始使用系统变量了。例如表示主角是否前方受阻的 isMoveBlock、表示是否有南瓜的 isOnReward，这些都是系统变量。

系统变量的特点是由系统定义，编程过程中可以直接使用，不需要再进行定义。之前章节学习过的系统变量如表 9.1 所示

表 9.1 学过的系统变量

系统变量名	含 义	分 类
isOnReward	是否有南瓜	南瓜相关系统变量
isOnOpenSwitch	是否有开关（开的）	开关相关系统变量
isOnCloseSwitch	是否有开关（关的）	
isMoveBlock	是否前方有阻碍	受阻相关系统变量
isLeftBlock	是否左侧有阻碍	
isLeftBlock	是否右侧有阻碍	

这些变量有一个共同的特点，就是只有真（true）和假（false）两个值。这种只有真、假两个值的变量称为布尔变量。除了布尔变量，还有整数变量、小数变量和字符串变量等。

下面介绍两个新的整数变量：totalReward 和 totalSwitch。

> ## totalReward
> 功能：关卡中的南瓜总数量
> 说明：整数变量，表示需要收集的南瓜数量

> ## totalSwitch
> 功能：关卡中的开关总数量
> 说明：整数变量，表示需要打开的开关数量

系统变量 totalReward 和 totalSwitch 都是整数变量，分别用来表示场景中的南瓜总数和开关总数。其中，totalSwitch 表示的开关数量包括处于关闭状态的开关和开启状态的开关。

既然是系统变量，那么这些变量无须声明就可以直接使用了，但不要试图修改系统变量。

另外需要说明的是，这两个系统变量并不是每个关卡都可以用，只有在特定的关卡中才可以使用。

9.2 自定义变量

除了可以使用系统定义好的变量外，还可以自定义变量。自定义变量是根据使用者的需要对变量进行命名和赋值。变量在使用前要先"声明"，声明就是给变量起名和赋初始值。

```
隐式声明关键字  变量名称 = 初始值 ;
        var      count = 0    ;
```

在声明变量时，使用关键字 var 作为变量类型标识，关键字标识后就是变量名称。变量名称要有意义，这样在有多个变量时，才可以容易地分辨出每个变量的用途。变量在声明时要给出一个初始值，系统就是根据这个初始值来猜测变量类型的。

如果不希望让系统猜测变量类型，可以明确地声明变量类型。

```
显式声明关键字  变量名称 = 初始值 ;
        int      count =    0    ;
        string   time = "08:30"  ;
```

关键字 int 表示声明的变量类型是整数，关键字 string 表示声明的变量类型是字符串。

把使用关键字 int、string 声明的变量称为"显式声明"，就是明确地声明变量的类型；使用关键字 var 声明的变量称为"隐式声明"，隐式声明没有明确地说明变量类型，需要系统进行推断。这两种类型的变量声明在实际编程中都会使用到。因为隐式声明更加快捷方便，所以在实际编程中使用的频率更高一些。

代码

```
for( int i = 0; i < 4; i++) {
  move();
  take();
}
```

在之前学习过的 for 循环中，就使用了显式变量声明。其中，变量 i 就是使用整数变量关键字 int 来"显式"声明。

在声明变量后，就可以根据需要来修改变量的值。在修改变量值的过程中，赋予变量值的类型，必须与变量声明的类型一致。例如，声明的变量类型是整数，赋值时也必须是整数。

```
var count1 = 0;
int count2 = 1;
string tip = "show time";
count1 = 10;
count2 = 11;
tip = "Done";
```

上面的代码中，声明的整数变量 count1 和 count2，赋值时给出的新值都是整数类型；字符串变量 tip，无论在声明还是在赋值时，都是字符串类型。如果变量声明和赋值类型不相同，这样的代码运行时就会出现问题。

```
int count = 0;
count = "time to go";

string tip = "show time";
tip = 10;
```

变量在程序中是如何计算的？现在就以变量"递增值"的方式计算累加。例如目标要收集一定数量的南瓜。在收集过程中，就要记录已经收集到的南瓜数量。

解决的办法是：在每次收集到南瓜后，把表示南瓜数量的变量在原来数值的基础上增加 1，这种方式称为"递增值"。

```
var rewardCounter = 0;
rewardCounter = rewardCounter + 1;
```

在示例代码中，定义变量 rewardCounter 表示收集到的南瓜总数，每次收集到新南瓜后，会将变量 rewardCounter 设置为自身的数值再加 1。这样，无论收集多少个南瓜，都会将南瓜的总数记录在变量中。

"递增值"还有另外一种简化的写法，使用 "+="（加等赋值运算符）表示在原有值的基础上增加。上面"递增值"的代码也可以写成下面的样子。

```
var rewardCounter = 0;
rewardCounter += 1;
```

两种赋值运算表达式效果是相同的，在编程时都可以使用，使用加等赋值运算符的写法更加简洁。

9.3 驼峰式命名法

在使用变量时，给变量的命名是非常重要的。好的命名能够让阅读代码的人很快明白变量的含义和用途，因此，这里介绍一种常用的命名方法：驼峰式命名法。

在使用驼峰式命名法时，变量的名称如果由多个单词组成，第一个单词使用小写字母拼写，其他的单词首字母大写，其余部分用小写字母。

```
var numberOfBoys = 0;

var rewardCount = 2;

var sillyBirds = 3;
```

上面代码中的变量都采用了驼峰式命名法。对变量命名还要注意以下命名规范。

（1）使用有意义的英文来给变量命名。

（2）单个单词的变量全部小写。

（3）多个单词的变量采用驼峰式命名方法。

（4）变量名不能相同，否则无法分辨。

（5）变量名是区分大小写的，count 和 Count 是不同的变量。

（6）变量名避免使用系统关键字，例如 var、if 或 for 等。

（7）变量名可以字母和数字混合，但必须以字母开头，例如 count3、count2Reward 等。

9.4　比较运算

比较运算是变量和数值之间的比较，也可以是变量和变量之间的比较。常见的比较运算符如表 9.2 所示。

表 9.2　常见的比较运算符

编　号	运 算 符	名　　称	举　　例
1	<	小于	如果 a 小于 b，即 (a < b)，则返回 true
2	>	大于	如果 a 大于 b，即 (a > b)，则返回 true
3	==	等于	如果 a 等于 b，即 (a == b)，则返回 true
4	!=	不等于	如果 a 不等于 b，即 (a != b)，则返回 true

比较运算符一共分为 4 种，分别是小于、大于、等于和不等于。大于和小于运算符分别用"＞"和"＜"表示，等于运算符使用两个等号"=="表示，不等于运算符使用叹号和等号"！="表示。

这里最容易犯错的是"等于"运算符，很多程序员在编程时也会经常错误地写成一个等号，大家要记住，"等于"运算符使用的是两个等号。

比较运算也是一种运算，运算结果只有真（true）和假（false）两种。结果是真（true）表示比较运算条件成立，反之，表示比较运算条件不成立。

```
totalReward < 3
totalSwitch == 6
```

上面的比较运算中，使用到了系统变量 totalReward 和 totalSwitch 。如果此时两个变量都等于 6，则第一个比较运算 totalReward＜3 的结果为假（false），表示比较条件不成立。第二个比较运算 totalSwitch == 6 的结果为真（true），表示比较条件成立。

比较运算不能单独使用，必须与 if 判断和 while 循环配合使用。以 if 判断为例说明如何使用比较运算。

代码

```
var count = 0;
if (count < 3)
{
  // 代码模块
}
```

首先声明了整数变量 count，在 if 判断中使用比较运算 count<3，判断变量 count 是否小于 3。如果 count 的值小于 3 ，结果为 true，则执行大括号中的"代码模块"；如果 count 的值等于或大于 3 ，结果为 false，则不执行大括号内的"代

码模块"。

代码

```
var count = 0;
while (count < 3)
{
  // 代码模块
}
```

while 循环中的比较运算使用方法与 if 判断基本相同，这里仅给出示例代码。

9.5 log( )命令

log() 命令能够把数据从运行的代码中输出到显示区域，就是说，大家可以把变量的当前值显示在开发环境的日志区中。

```
log(变量);
功能：显示变量的值
说明：支持各种变量
```

log() 是一个用于辅助显示的调试命令，仅在编程和调试期间产生作用，而不会在功能上产生实际作用。下面看一个 log() 命令的示例。

代码

```
var count = 0;
 log(count);
count = 5;
log(count);
```

在这个示例中，声明一个变量 count，初始赋值为 0，然后使用 log() 命令显示 count 的值。此时会在日志区中显示 0。然后将 count 的值赋为 5，再次调用 log() 命令显示 count 的值，在日志区中会显示 5。

每次调用 log() 命令时，系统都会显示 count 的当前值。因为两次调用 log() 命令的过程中，count 的值产生了变化，所以日志区会显示两个不同的数值。

log() 命令不仅可以显示变量的值，也可以显示字符串。

log("提示信息");
功能：显示字符串的提示
说明：支持双引号中的字符内容

用 log() 命令显示提示信息，信息的内容要用双引号括起来，双引号中的内容会直接在日志区显示出来。

代码

```
log( "value i list:" )
for( int i = 0; i < 3; i++) {
  log(i);
}
```

日志区显示：

value i list:

0

1

2

这个示例在第一行代码位置调用 log() 命令显示了提示信息 "value i list:"。引号中的内容被 log() 命令完整地显示在日志区。

在使用 log() 命令时，如果需要将提示信息和变量一起显示出来，就要用到格式化字符串的功能。

log($"提示信息：{变量}")；
功能：显示字符串和变量
说明：变量需要在大括号中

这里的 log() 命令中，在字符串前面放置了符号 $，这就表示是格式化字符串。有了 $ 这个符号，字符串里大括号中的内容就会被识别成变量。

```
var count = 3;
log("count = {count} ");
log($"count = {count} ");
```

在示例代码中，第一个 log() 命令没有使用格式化字符串的标识符 $，字符串中所有的内容都被认为是提示信息而直接显示出来。第二个 log() 命令使用了标识符 $，字符串括号 {} 中的内容 count 就会被识别成变量。

日志区显示：

count = {count}

count = 3

编程时使用 log() 命令，可以随时跟踪变量值的变化和显示提示信息，这样可以更加方便地完成代码调试。

9.6　关卡案例

9.6.1　跟踪记录

关 卡 说 明

关卡编号：8-1

关卡难度：*

通关条件：南瓜 1 个，开关 0 个。

关卡目标：创建一个变量记录已收集的南瓜数量。

关卡 8-1 场景图如图 9.1 所示。

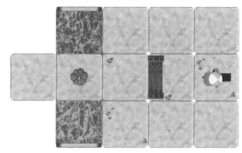

图 9.1　关卡 8-1 场景图

本关卡的任务是收集 1 个南瓜。先声明变量来记录已经收集的南瓜数量，在收集到南瓜后更新变量的值，并使用 log() 命令显示变量的值。

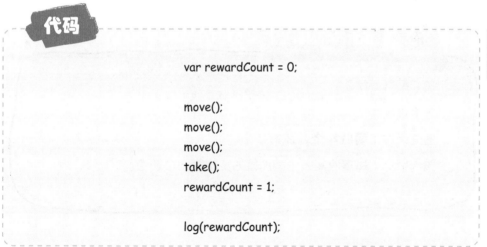

```
var rewardCount = 0;

move();
move();
move();
take();
rewardCount = 1;

log(rewardCount);
```

声明变量 rewardCount 来记录已经收集的南瓜数量，变量 rewardCount 的初始值设为 0。在收集到南瓜后，使用赋值语句将变量 rewardCount 修改为 1。关卡 8-1通关路线图如图 9.2 所示。

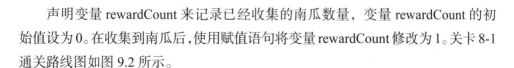

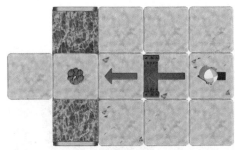

图 9.2　关卡 8-1 通关路线图

 使值增大

关 卡 说 明

关卡编号：8-2

关卡难度：*

通关条件：南瓜 4 个，开关 0 个。

关卡目标：每多收集一个南瓜就为变量赋一个新值。

关卡 8-2 场景图如图 9.3 所示。

本关卡的任务是收集 4 个南瓜，定义变量表示已经收集的南瓜数量，每次收集到南瓜后，都需要给变量赋新的值。例如，收集到第 1 个南瓜，将变量赋值为 1；收集到第 2 个南瓜，将变量赋值为 2，以此类推。

为了更好地观察变量的变化情况，依旧使用 log() 命令显示变量信息。

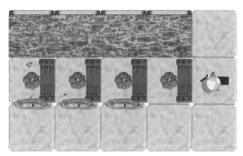

图9.3　关卡8-2场景图

代码

```
var rewardCount = 0;

for (int i = 1 ;i <=4 ; i++){
  move();
  take();

  rewardCount = i;
  log(rewardCount);
}
```

首先声明一个变量 rewardCount ，将其初始值设置为 0。使用 for 循环控制主角前进和收集南瓜，收集南瓜的数量和 for 循环变量 i 的值相同，因此直接将变量 i 的值赋值给变量 rewardCount 就可以了。

为了便于观察变量的变化情况，在每次修改变量后，都使用 log() 命令显示变量的值。

关卡8-2通关路线图如图9.4所示。

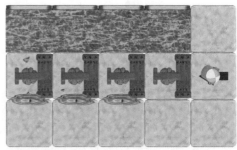

图 9.4　关卡 8-2 通关路线图

 9.6.3　　使值递增

关 卡 说 明

关卡编号：8-3

关卡难度：*

通关条件：南瓜 5 个，开关 0 个。

关卡目标：递增变量来记录已收集的南瓜数量。

关卡 8-3 场景图如图 9.5 所示。

本关卡的目标是收集 5 个南瓜，这些南瓜的位置是随机的。依旧要定义变量表示已经收集的南瓜数量，不同之处在于，每收集到 1 个南瓜，南瓜数量使用递增的方式增加 1。递增变量可以用类似于 a = a + 1 的写法。

为了更好地观察变量的变化情况，依旧使用 log() 命令显示变量信息。

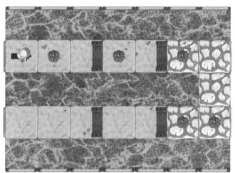

图 9.5　关卡 8-3 场景图

代码

```
var rewardCount = 0;

for(int i=0;i<14;i++){
  if (isMoveBlock){
    right();
  }

  move();

  if (isOnReward){
    take();
    rewardCount = rewardCount + 1;
    log(rewardCount);
  }

}
```

代码中使用 for 循环控制主角前进的步数，定义变量 rewardCount 表示收集的南瓜数量。递增变量的写法是 rewardCount = rewardCount + 1，这样变量

rewardCount 会在每次执行时，在原有数值的基础上增加 1。关卡 8-3 通关路线图如图 9.6 所示。

 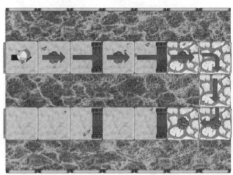

图 9.6 关卡 8-3 通关路线图

 控制收集数量

 关卡说明

关卡编号：8-4

关卡难度：**

通关条件：南瓜 7 个，开关 0 个。

关卡目标：收集 7 个南瓜。

关卡 8-4 场景图如图 9.7 所示。

本关卡的任务是收集 7 个南瓜，南瓜出现的位置是随机的，随着主角在场景中收集南瓜，会有新南瓜不断出现。

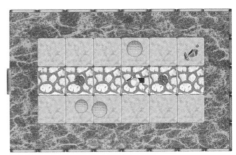

图 9.7 关卡 8-4 场景图

需要声明一个变量记录已经收集到的南瓜数量。如果已收集南瓜数量达到 7 个，就可以停止主角的收集过程。

代码

```
var rewardCount = 0;

while(rewardCount < 7){
  if (isOnReward){
    take();
    rewardCount = rewardCount + 1;

  }

  if (isMoveBlock){
    left();
    left();
  }

  move();

}
```

主角在检测到前方受阻时，调头后再前进，这样就可以持续在路线上收集南瓜。

　　代码中使用 while 循环控制主角的收集过程，设定的循环条件是 rewardCount < 7。因为变量 rewardCount 的初始值是 0，在收集 7 个南瓜的过程中，变量 rewardCount 的值会从 0 增长到 6。

　　关卡 8-4 通关路线图如图 9.8 所示。

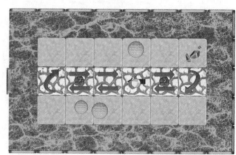

图 9.8　关卡 8-4 通关路线图

　　恰到好处

关卡说明

关卡编号：8-5

关卡难度：**

通关条件：南瓜 3 个，开关 4 个。

关卡目标：收集 3 个南瓜，打开 4 个开关。

关卡 8-5 场景图如图 9.9 所示。

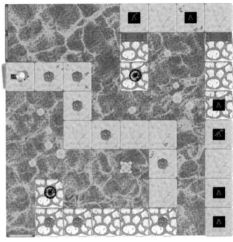

图 9.9　关卡 8-5 场景图

本关卡的任务是收集 3 个南瓜和打开 4 个开关，南瓜和开关的位置和数量都是随机的。需要注意的是，关卡中的南瓜和开关数量多于目标数量，请务必按照关卡目标要求，不要收集多于目标数量的南瓜，也不要打开多于目标数量的开关。

代码

```
var rewardCount = 0;
var switchCount = 0;

while (rewardCount < 3 || switchCount < 4){
  if (isMoveBlock && isLeftBlock){
    right();
  }else if (isMoveBlock && isRightBlock){
    left();
  }

  move();
```

```
            if (isOnReward && rewardCount < 3){
              take();
              rewardCount = rewardCount + 1;
            }

            if (isOnCloseSwitch && switchCount < 4){
              toggle();
              switchCount = switchCount + 1;
            }

          }
```

代码中定义了变量 rewardCount 和 switchCount，分别表示已经收集的南瓜和打开开关的数量。while 的循环条件是收集到南瓜的总数小于 3 或者开关的总数小于 4。

主角的转向规则是：前方和左侧同时受阻，则右转；前方和右侧同时受阻，则左转。按照这样的规则，主角可以走遍关卡中的每一个砖块。

关卡 8-5 通关路线图如图 9.10 所示。

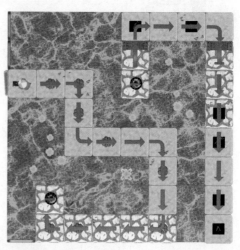

图 9.10   关卡 8-5 通关路线图

9.6.6 检查等值

关 卡 说 明

关卡编号：8-6

关卡难度：**

通关条件：动态条件。

关卡目标：收集与开关数量相同的南瓜。

关卡 8-6 场景图如图 9.11 所示。

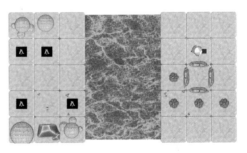

图 9.11　关卡 8-6 场景图

本关卡的开关都是已经打开的，因此无须改变开关的状态。南瓜的数量等于或多于开关，需要收集的南瓜数量要刚好等于开关的数量，因此有可能有一些南瓜是无须收集的。开关总数量被记录在系统变量 totalSwitch 中。

代码

```
log($"totalSwitch:{totalSwitch}");

var rewardCount = 0;

while (rewardCount < totalSwitch) {
  if (isOnReward){
    take();
    rewardCount = rewardCount + 1;
    log($"rewardCount:{rewardCount}");
  }

  if (isMoveBlock){
    left();
  }
  move();
}
```

定义变量 rewardCount 记录收集南瓜总量，通过 while 循环控制主角持续收集南瓜，循环的条件就是收集的南瓜数量小于系统变量 totalSwitch。

关卡 8-6 通关路线图如图 9.12 所示。

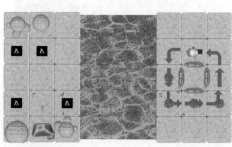

图 9.12　关卡 8-6 通关路线图

9.6.7 清点开关

关卡说明

关卡编号：8-7

关卡难度：***

通关条件：动态条件。

关卡目标：打开与所收集南瓜数量相同的开关。

关卡 8-7 场景图如图 9.13 所示

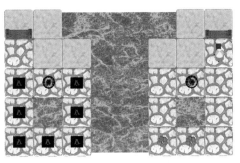

图 9.13 关卡 8-7 场景图

本关卡的任务是打开一定数量的开关，这个数量与场景中南瓜的数量相同。本关特别之处就是关卡中的开关不需要都打开，或者说是不能都打开。

建议定义一个变量记录收集的南瓜总量，然后在另一个平台上打开与南瓜总量相同的开关。

代码

```
var rewardCount = 0;
var switchCount = 0;

while (rewardCount == 0 || rewardCount != switchCount) {
  if (isMoveBlock){
    right();
  }
    move();
  if (isOnReward){
  take();
  rewardCount += 1;
  }
    if (isOnCloseSwitch){
  toggle();
  switchCount += 1;
  }
}
```

代码中定义了收集南瓜总数的变量 rewardCount，以及打开开关总量的变量 switchCount。

while 循环的条件是 rewardCount != switchCount，就是当收集到的南瓜数量和开关数量不等时，就持续收集南瓜和打开开关。

这里有个特殊情况需要处理，因为在 while 循环开始时，定义的两个变量都是 0，这样循环就会终止。因此，在 while 循环中，特别加入 rewardCount == 0 这个条件，在没有收集到南瓜前，一直保持循环。

关卡 8-7 通关路线图如图 9.14 所示。

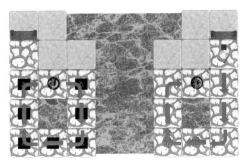

图9.14 关卡8-7通关路线图

9.6.8　指定数量

关 卡 说 明

关卡编号：8-8

关卡难度：***

通关条件：动态条件。

关卡目标：收集随机数量的南瓜。

关卡8-8场景图如图9.15所示。

本关卡任务是收集一定数量的南瓜，这个数量在4到15之间，被保存在系统变量 totalReward 中。南瓜不会一次性都出现，会随着主角收集南瓜而不断产生新南瓜。

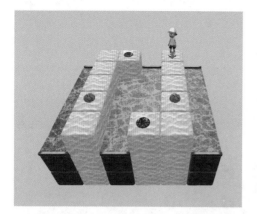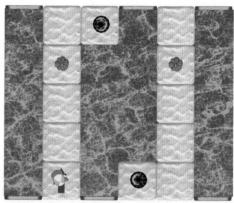

图 9.15　关卡 8-8 场景图

代码

```
log($ "totalReward:{totalReward}");

var rewardCount = 0;

while (rewardCount != totalReward){

  if (isMoveBlock && isLeftBlock && isRightBlock){
    right();
    right();
  }else if (isMoveBlock && isRightBlock){
    left();
  }else  if (isMoveBlock && isLeftBlock){
    right();
  }

  move();

  if (isOnReward){
    take();
    rewardCount += 1;
  }
}
```

代码中使用 while 循环，在没有收集到 totalReward 数量的南瓜前，主角会在平台上持续前进。在主角运动过程中，如果 3 个方向受阻（前方受阻 && 左侧受阻 && 右侧受阻），则主角就会调头；如果左方受阻和前方受阻，则主角右转；如果右方受阻和前方受阻，则主角左转。

伪代码

```
while ( 收集南瓜总数 != 系统生成南瓜总数 ){

    if ( 前方受阻 && 左侧受阻 && 右侧受阻 ){
      调头 ;
    }else if ( 前方受阻 && 右侧受阻 ){
      向左转 ;
    }else if ( 前方受阻 && 左侧受阻 ){
      向右转 ;
    }

      移动 ;
    if ( 存在南瓜 ){
      收集 ;
      南瓜总量计数递增 ;
    }
}
```

关卡 8-8 通关路线图如图 9.16 所示。

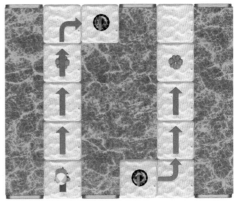

图 9.16 关卡 8-8 通关路线图

9.7 本章总结

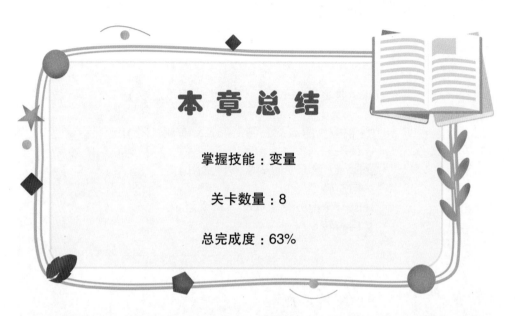

本 章 总 结

掌握技能：变量

关卡数量：8

总完成度：63%

本章重点介绍了两种类型的变量：系统变量和自定义变量。系统变量是由计算机系统给出的，自定义变量是根据需要定义的，变量的命名需要遵循驼峰式命名法。通过定义变量，if 判断和 while 循环可以使用比较运算进行条件判断。熟练使用 log() 命令，方便观察变量的变化情况。

习 题

1. 以下哪部分代码是错误的？（   ）

    A. var a = 0;   B. a = 0;

        a = 5;   a = 5;

2. var a = 1 和 int a=1，这两段代码效果是一样的吗？（   ）

    A. 是   B. 不是

3. log(a) 命令可以修改变量 a 的值吗？（　　　）

A. 不可以　　　　　　　　　　B. 可以

4. 以下哪部分代码是显示 a 的值？（　　　）

A. var a = 0;　　　　　　　　B. var a = 0;

　　log(a);　　　　　　　　　　log("a");

5. 以下哪部分代码用 log() 命令显示的内容是 6 ？（　　　）

A. var counter = 0;　　　　　　B. var counter = 0;

　　for(int i = 0 ;i< 3; i++){　　　for(int i = 0 ;i< 3; i++){

　　　counter = counter + 1;　　　　counter = counter + 2;

　　}　　　　　　　　　　　　　}

　　log(counter);　　　　　　　　log(counter);

6. 以下哪部分代码用 log() 命令显示的内容是 a:3，B：2 ？（　　　）

A. var a= 3;　　　　　　　　　B. var a= 3;

　　var b= 2;　　　　　　　　　var b= 2;

　　log($ "a:{a},B：{b}");　　　　log("a:{a},B：{b}");

7. 以下哪部分代码是正确的？（　　　）

A. var count = 0;　　　　　　　B. var count = 0;

　　count < 3;　　　　　　　　　if (count < 3){

　　　　　　　　　　　　　　　　　move();

　　　　　　　　　　　　　　　　}

8. 以下哪部分代码可以让主角向前走 5 步？（　　　）

A. var count = 0;　　　　　　　B. var count = 0;

　　while (count < 5){　　　　　　while (count < 5){

　　move();　　　　　　　　　　　move();

　　count = count + 1;　　　　　　}

　　}

9. 以下哪部分代码是正确的驼峰式命名？（　　　）

A. var stringList　　　　　　　B. var StringList

10. 以下哪部分代码使打开的开关数量少于关卡总开关数时，主角会持续
前进？（　　　）

A. var switchCount = 0;

　　while (switchCount < totalSwitch){

　　　move();

　　}

B. var switchCount = 0;

　　while (switchCount <= totalSwitch){

　　　move();

　　}

11. 以下哪部分代码用 log() 命令的显示结果是 count:8 ？　（　　　　）

A. var count = 10;

　　count -= 2;

　　log($ "count:{count}");

B. var count = 10;

　　count += 2;

　　log($ "count:{count}");

第10章
属　　性

　　属性是事物特征的概括，事物的形状、状态、颜色、气味等都可以是事物的属性。在代码编程中，通过对物体属性的控制，可以改变物体的行为和特征。通过改变传送门的isActive属性，可以控制传送门的开启和关闭。

大家已经学习了很多编程知识。

是的，老师。每个章节都很有趣，而且帮助我们掌握了许多编程的知识。

回想一下，大家在前面的章节中都遇到过哪些物品？

主角、南瓜、开关、砖格、阶梯、河流，对了，还有传送门。

很好，传送门是个非常有趣的道具，大家是否记得，有的关卡有好几种颜色的传送门，从一个传送门进入，会被传送到同一个颜色的另一个传送门的位置？

对，对，传送门就好像有魔法，可以空间穿越。

在以前的场景中，传送门都是开启的，大家有没有想过如何关闭传送门？

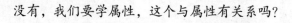
没有，我们要学属性，这个与属性有关系吗？

当然有关系，通过传送门的属性可以控制传送门的开启和关闭，本章会一一给大家介绍。

10.1　传送门颜色

　　正因为传送门的存在，让主角可以从一个位置瞬间移动到另一个位置。传送门通过颜色进行区分，包括蓝色传送门（blueGate）、绿色传送门（greenGate）、

粉色传送门（pinkGate）和黄色传送门（yellowGate），如图 10.1 所示。

蓝色传送门

绿色传送门

粉色传送门

黄色传送门

图 10.1　传送门颜色

不同颜色的传送门是成对出现的，主角进入一个传送门，会被传送到相同颜色的另一个传送门。有了颜色的区分，就可以让大家控制不同颜色的传送门，10.2 节将介绍如何控制传送门的开启和关闭。

10.2 控制传送门

要控制传送门的开启和关闭，就要用到传送门的属性 isActive。这个属性表示传送门的状态，是一个布尔值：true 表示传送门处于开启状态，false 表示传送门处于关闭状态。属性是不能脱离物品独立存在的，因此 isActive 是传送门的属性，却不是南瓜、砖块的属性。

属性 isActive 的值表示传送门的状态，修改属性 isActive 的值，会使传送门的状态产生变化。例如，一个处于开启状态的传送门，属性 isActive 的值为 true，将其修改为 false，传送门立即会变成关闭状态。

对于属性的修改要使用"点操作"。点操作的语法如下。

点操作语法：

实例 . 属性 = 对应的数值

点操作是以"实例 . 属性"的方式表示属性，因此蓝色传送门的 isActive 属性就是 blueGate.isActive，粉色传送门的属性是 pinkGate.isActive。对于属性的修改，要依据属性的数据类型，这与变量的数据类型是一样的。属性 isActive 是一个布尔值，因此可以赋值 true 或者 false。

"实例"代表一种颜色的传送门，系统提供 4 个颜色传送门，对应 4 个实例，分别是 blueGate、greenGate、pinkGate 和 yellowGate，表示蓝色、绿色、粉色和黄色传送门。

修改蓝色传送门的 isActive 属性值为 true，会启动蓝色传送门，传送门会产生蓝色光环。

开启传送门：

blueGate.isActive = true

蓝色传送门的 isActive 属性值设为 false，蓝色传送门会变为关闭状态，传送门的蓝色光环会消失。

关闭传送门：

blueGate.isActive = false

对于不同颜色的传送门，点操作控制启动或关闭状态的代码如表 10.1 所示。

表 10.1　不同颜色的传送门在启动或关闭状态的代码

颜 色	启动传送门	关闭传送门
蓝色传送门	blueGate.isActive = true;	blueGate.isActive = false;
绿色传送门	greenGate.isActive = true;	greenGate.isActive = false;
粉色传送门	pinkGate.isActive = true;	pinkGate.isActive = false;
黄色传送门	yellowGate.isActive = true;	yellowGate.isActive = false;

10.3 关卡案例

10.3.1 关闭传送门

关卡说明

关卡编号：9-1

关卡难度：*

通关条件：南瓜 0 个，开关 3 个。

关卡目标：关闭传送门后到达开关处。

关卡 9-1 场景图如图 10.2 所示。

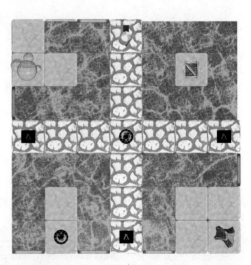

图 10.2　关卡 9-1 场景图

本关卡的任务是打开 3 个关闭状态的开关。初始时蓝色传送门的状态是打开的，如果不关闭就会被传送到一个孤岛上。因此需要先将传送门关闭，然后分别去打开 3 个开关。

```
blueGate.isActive = false;

void OnePart(){
    move();
    move();
    move();
    toggle();
    left();
    left();
    move();
    move();
    move();
    left();

}

move();
move();
move();
left();

OnePart();
OnePart();
OnePart();
```

核心代码是 blueGate.isActive = false，将蓝色传送门关闭。这样，主角就可以到达所有开关所在的位置。关卡 9-1 通关路线图如图 10.3 所示。

 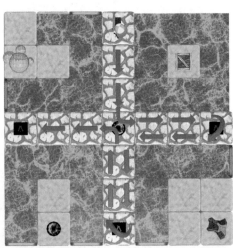

图 10.3　关卡 9-1 通关路线图

 开关传送门

 关卡说明

关卡编号：9-2

关卡难度：**

通关条件：南瓜 7 个，开关 1 个。

关卡目标：打开和关闭传送门完成关卡。

关卡 9-2 场景图如图 10.4 所示。

本关卡的任务是收集 7 个南瓜和打开 1 个关闭的开关。场景中有一对黄色传送门，传送门的开启与关闭时机是完成关卡目标的关键。大家想一想在什么条件下开启或关闭传送门，可以保证顺利地收集到南瓜和打开开关？

 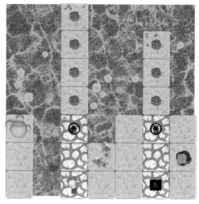

图 10.4 关卡 9-2 场景图

```
yellowGate.isActive = false;

var blockCount = 0;

while (!isOnCloseSwitch){
  move();
  if (isOnReward){
    take();
  }

  if (isMoveBlock){
    left();
    left();
    blockCount += 1;

    if (blockCount == 2){
      yellowGate.isActive = true;
    }

    if (blockCount == 3){
      yellowGate.isActive = false;
    }
  }

}

toggle();
```

设置 while 循环的终止条件为到达开关位置，这样主角会在没有到达开关前一直前进。

代码中引入了一个变量 blockCount ，用来记录主角调头的次数。传送门的开始和关闭需要通过变量 blockCount 的值进行控制，在完成两次调头后开启传送门，完成 3 次调头后关闭传送门，这样主角就可以收集到全部的南瓜。关卡 9-2 通关路线图如图 10.5 所示。

 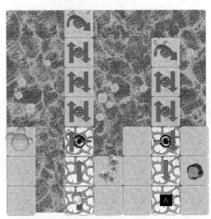

图 10.5　关卡 9-2 通关路线图

10.3.3　迷之传送门

  关卡说明

关卡编号：9-3

关卡难度：***

通关条件：南瓜 4 个，开关 0 个。

关卡目标：修改每个传送门的状态来收集南瓜。

关卡 9-3 场景图如图 10.6 所示。

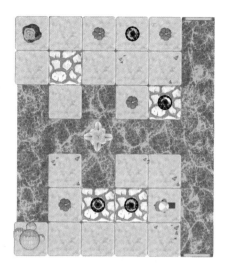

图 10.6 关卡 9-3 场景图

本关卡的任务是收集 4 个南瓜，场景中有两对传送门：绿色传送门和粉色传送门。这里需要控制这两对传送门开启和关闭的时机，到达不同的区域收集所有南瓜。

可以通过收集南瓜的数量来决定何时改变传送门状态，本关有些难度，可以通过不断尝试找出过关的办法。

```
var rewardCount = 0;

greenGate.isActive = false;
pinkGate.isActive = false;

while (rewardCount < 4){
  if (rewardCount == 1){
    greenGate.isActive = true;
    pinkGate.isActive = true;
  }
```

```
                    if (rewardCount == 3){
                       greenGate.isActive = false;
                    }

                    if (isMoveBlock){
                       left();
                       left();
                    }

                    move();

                    if (isOnReward){
                       take();
                       rewardCount += 1;
                    }
                 }
```

在代码中引入变量 rewardCount 来记录收集南瓜的总数，设置 while 循环的停止条件为收集到 4 个南瓜，在循环中收集南瓜，每次收集到南瓜都递增计数器变量 rewardCount。

代码

```
var rewardCount = 0;
while (rewardCount < 4){
if (isOnReward){
   take();
   rewardCount += 1;
 }
}
```

分析两组传送门的开启和关闭时机。初始时关闭两组传送门，当主角收集第一个南瓜后，开启两组传送门，主角通过粉色传送门到达对面，然后收集第二个南瓜，再转回通过粉色传送门回到初始区域，通过绿色传送门到达剩余南瓜区域。此时注意，在收集完第三个南瓜后，要关闭绿色传送门，否则无法收集到最后一个南瓜。

代码

```
greenGate.isActive = false;
pinkGate.isActive = false;

if (rewardCount == 1){
    greenGate.isActive = true;
    pinkGate.isActive = true;
}

if (rewardCount == 3){
    greenGate.isActive = false;
}
```

关卡 9-3 通关路线图如图 10.7 所示。

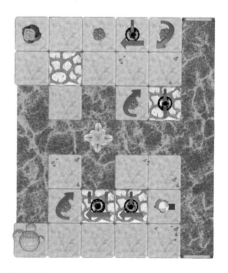

图 10.7　关卡 9-3 通关路线图

呆呆鸟儿童编程——在游戏中学习

10.3.4　四角传送

关 卡 说 明

关卡编号：9-4

关卡难度：***

通关条件：南瓜 6 个，开关 6 个。

关卡目标：修改两个传送门的状态来通关。

关卡 9-4 场景图如图 10.8 所示。

 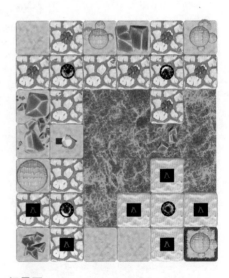

图 10.8　关卡 9-4 场景图

本关卡的任务是收集 6 个南瓜和打开 6 个开关。关卡中有蓝色和粉色两组传送门，控制传送门的开启和关闭时机仍是通关关键。这里给大家一些提示，本关可以通过收集到南瓜的数量和打开开关的数量来决定何时修改传送门的状态。

本关是有些难度的，尝试在脑海中构思不同的解决方案，找出其中最简洁的一种。

```
var rewardCount = 0;
var switchCount = 0;

blueGate.isActive = false;
pinkGate.isActive = false;

right();

while (switchCount < 6 || rewardCount < 6){
  if (isMoveBlock && isLeftBlock && isRightBlock){
    left();
    left();
  }

  if (!isLeftBlock){
    left();
  }

  if (isMoveBlock && isLeftBlock ){
    right();
  }

  move();

  if (isOnReward){
    take();
    rewardCount += 1;
  }

  if (isOnCloseSwitch){
    toggle();
    switchCount += 1;
  }
```

```
        if (rewardCount == 6 && switchCount == 2){
            blueGate.isActive = true;
        }

        if (switchCount == 3){
            blueGate.isActive = false;
        }

    }
```

在代码中引入两个变量，变量 rewardCount 记录收集的南瓜总数，变量 switchCount 记录打开和关闭开关的总数。

设定 while 循环的终止条件是收集 6 个南瓜和打开 6 个开关。在 for 循环中收集南瓜后递增变量 rewardCount，打开开关后递增变量 switchCount。

再分析两组传送门的开启和关闭时机。初始时关闭所有传送门，主角先去打开离主角最近的两个开关，然后收集完 6 个南瓜，将蓝色传送门开启，主角通过蓝色传送门到达对面，最后打开开关。此时注意，在打开第三个开关后，要关闭蓝色传送门，否则无法到达其他两个开关处。

关卡 9-4 通关路线图如图 10.9 所示。

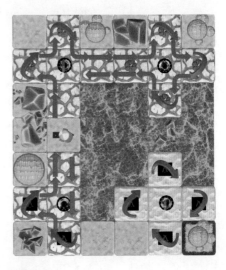

图 10.9　关卡 9-4 通关路线图

10.3.5 传送收集

关 卡 说 明

关卡编号：9-5

关卡难度：***

通关条件：动态条件。

关卡目标：收集随机数量的南瓜。

关卡 9-5 场景图如图 10.10 所示。

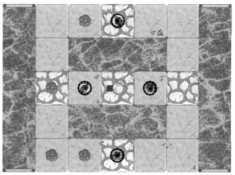

图 10.10 关卡 9-5 场景图

本关卡的任务是收集随机生成的南瓜，要收集南瓜的总数记录在系统变量 totalReward 中。南瓜出现的位置和数量均是随机的，过关的关键是让主角在关卡中高效率地持续走动，一定要经过所有可能出现南瓜的砖块，这样才可能收集到所有的南瓜。

代码

```
var rewardCount = 0;
var stepCount = 0;

while (rewardCount < totalReward){
  if (isMoveBlock){
    left();
    left();
  }

  move();
  stepCount += 1;

  if (isOnReward){
    take();
    rewardCount += 1;
  }

  if (stepCount == 2){
    blueGate.isActive = false;
  }

  if (stepCount == 6){
    blueGate.isActive = true;
  }


  if (stepCount == 10){
    blueGate.isActive = false;
    yellowGate.isActive = false;
  }

  if (stepCount == 14){
    yellowGate.isActive = true;
  }
```

```
          if (stepCount == 16){
            yellowGate.isActive = false;
          }

          if (stepCount == 20){
            yellowGate.isActive = true;
          }

          if (stepCount == 24){
            blueGate.isActive = true;
            stepCount = 0;
          }

        }
```

代码中定义了两个变量，变量 rewardCount 记录收集南瓜的总数，变量 stepCount 记录主角移动步数的总数。设置 while 循环的停止条件是收集到系统变量 totalReward 指定的南瓜数量。

代码

```
        var rewardCount = 0;
        var stepCount = 0;

        while (rewardCount < totalReward){

        move();
        stepCount += 1;

        if (isOnReward){
          take();
          rewardCount += 1;
        }
        }
```

传送门初始时都是打开的，分析主角行进的路线和两组传送门的开启和关闭时机。

（1）主角前进 1 格，通过蓝色传送门传送到一侧，然后向前移动 1 格，此时为了确保调头后移动到另一侧，应该关闭蓝色的传送门。此时一共移动了两步。

代码

```
if (stepCount == 2){
    blueGate.isActive = false;
}
```

（2）主角向前移动 1 格，转身，移动 3 格通过关闭的蓝色传送门，此时开启蓝色传送门，目前总共移动了 6 步。

代码

```
if (stepCount == 6){
    blueGate.isActive = true;
}
```

（3）继续向前移动 1 格，转身又移动两格，走到蓝色传送门处，传送回中间蓝色传送门位置，再向前移动 1 格，此时应关闭蓝色传送门和黄色传送门。主角目前一共移动了 10 步。

代码

```
if (stepCount == 10){
    blueGate.isActive = false;
    yellowGate.isActive = false;
}
```

（4）转身，然后移动 4 格，通过关闭的黄色传送门，此时开启黄色的传送门，主角一共移动了 14 步。

代码

```
if (stepCount == 14){
    yellowGate.isActive = true;
}
```

（5）转身，移动1格，通过黄色传送门传送到一侧，再向前移动1格，此时应关闭黄色的传送门，主角一共移动了16步。

代码

```
if (stepCount == 16){
    yellowGate.isActive = false;
}
```

（6）主角向前移动1格，转身，移动3格，经过关闭的黄色传送门，此时开启黄色传送门，主角一共移动了20步。

代码

```
if (stepCount == 20){
    yellowGate.isActive = true;
}
```

（7）主角前行1格，转身，移动两格，通过黄色传送门回到中心位置，再向前移动1格，到达起始出发点。如果此时收集的南瓜还没有达到要求，将移动步数清零，按（1）~（7）步移动，直到不满足循环条件，停止循环。

代码

```
if (stepCount == 24){
    blueGate.isActive = true;
    stepCount = 0;
}
```

关卡 9-5 通关路线图如图 10.11 所示。

 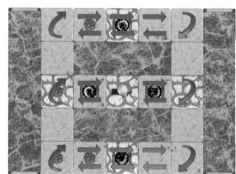

图 10.11 关卡 9-5 通关路线图

10.4 本章总结

本 章 总 结

掌握技能：属性

关卡数量：5

总完成度：69%

本章介绍了属性的概念和点操作的方法。传送门可以通过修改属性 isActive，控制传送门的开启和关闭，修改属性的方式就是点操作。传送门分为 4 种颜色，每种颜色传送门对应一个传送门实例。

习　题

1. 以下哪部分代码可以启动蓝色传送门？（　　　）

　　A. blueGate.isActive = false;　　　　　　B. blueGate.isActive = true;

2. 以下哪部分代码可以关闭黄色传送门？（　　　）

　　A. blueGate.isActive = false;　　　　　　B. yellowGate.isActive = false;

第11章
初　始　化

　　从本章开始，大家可以用初始化的方法来创建主角和专家。专家是一个具有特殊技能的人物，他可以通过图腾控制冰块的移动。在关卡中初始化多个人物，通过人物的配合可以产生很多有趣的通关方法。

老师，我偷偷看了一下本章的关卡，发现了很有趣的事情。

 什么有趣的事情？

 有些关卡里没有主角，多了一些新的物品，有的关卡有了新的人物。

 是的，这一章要给大家介绍如何创建人物。

 创建人物？我们可以自己创建呀，我一直认为人物都是系统给创建好的。

 有一些关卡的人物是系统自动创建好了，而有一些关卡则需要使用代码创建。通过代码可以创建之前没有见过的人物：专家。

 专家，听起来就很厉害，与主角人物有什么区别？

 专家有主角没有的技能，他可以控制场景中的冰块移动，这样可以制造出新的路径。

 太有趣了，我都迫不及待了，老师快给我们讲讲吧。

 好的。

11.1 专家

专家是新出现的人物，可以像主角一样向前移动、左右转向、收集南瓜和切换开关，除此以外，专家还可以控制冰块的移动。

在默认情况下，专家在场景中是不存在的。因此要使用专家时，需要先创建专家。

创建专家：

```
var expert = new Expert();
```

创建专家时，需要像声明变量一样来声明一个专家，然后通过关键字 new 来创建 Expert 类型的实例。expert 是专家实例的名字，这个名字也可以使用其他的单词或词组表示，例如 myExpert 或 littleExpert 等。

当这行代码被运行时，场景中就会出现一个专家，专家出现的位置，就是场景中地上有红色箭头的位置。

在后面的章节中引入了坐标系统，这样就可以在初始化专家的时候提供坐标，让专家出现在指定的位置上。在不提供坐标的情况下，专家会默认生成在场景中有红色箭头的位置上。

11.2 主角

在以往的关卡中，主角是系统提供的，无须使用代码生成。但在之后的章节中，关卡中有时候会没有主角，此时就需要使用代码创建主角，让主角来完成任务。

创建主角：

var child= new Child();

创建主角的方法和创建专家相似，需要声明一个变量表示主角，然后通过关键字 new 来创建 Child 类型的实例。child 是主角实例的名字，这个名字同样可以使用其他的单词或词组表示，例如 kid 或 littleChild 等。

当初始化主角的代码被运行时，场景中就会出现一个主角。如果不提供坐标信息，主角会出现在地上有黑色箭头的砖块上。

11.3 多人物

根据需要可以在场景中同时初始化多个人物，例如同时生成两个专家、同时生成两个主角、同时生成一个专家和一个主角。

下面的示例代码是同时生成两个专家。

```
var expert1 = new Expert();
var expert2 = new Expert();
```

在示例代码中，专家实例名称分别为 expert1 和 expert2。这样给专家实例命名是正确的，但如果使用相同的名字就会导致代码错误。这就和多个变量不能同名是一个道理，如果专家实例的名字相同，系统就无法分辨哪个是第一个创建的专家，哪个是第二个创建的专家。

在代码运行后，在场景中会出现两个一模一样的专家，可以通过实例名称 expert1 和 expert2 对它们进行单独控制。例如，要求专家 expert1 向前移动并收集南瓜，要求专家 expert2 向前移动并切换开关。

代码

```
expert1.move();
expert1.take();
expert2.move();
expert2.toggle();
```

这里需要注意的是，直接使用 move() 命令是不可以的。因为要控制代码创建的人物，需要遵循"点操作"的规则：要在专家实例名称后面通过"点操作"调用动作命令，例如 expert1.move()。

除了可以同时创建两个专家以外，还可以同时创建一个专家和一个主角，所使用的代码如下。

代码

```
var expert = new Expert();
var child = new Child();
```

创建一个专家和一个主角时，专家和主角的实例名称也不能相同。

11.4　冰块和图腾

冰块和图腾是关卡中新的物品。冰块可以上下移动，让主角和专家到达一些之前无法到达的区域。图腾是一个颜色鲜艳的"大鸟"，专家只有站在图腾面前，才能使用技能控制冰块的移动。

冰块和图腾也是分颜色的，同颜色的图腾控制同颜色的冰块。冰块和图腾的颜色分为黄色、绿色、粉色和蓝色，如图 11.1 所示。

图 11.1　4 种颜色的冰块和图腾

专家可以让关卡中所有相同颜色的冰块向上或向下移动半个砖块，这样冰块移动两次就是一个砖块的高度。专家移动冰块必须在图腾前方使用移动冰块的命令，图腾前方有个带颜色的圆球，这个小球的颜色就表示可以移动冰块的颜色。

专家移动冰块需要使用下面两个新命令：turnUp() 和 turnDown()。

turnUp();

功能：冰块向上移动半格

说明：仅专家可用

turnDown();

功能：冰块向下移动半格

说明：仅专家可用

turnUp() 和 turnDown() 可以移动场景中同颜色的冰块，向上或向下移动半格。这个命令只能专家使用，使用时专家要站在图腾前面的砖块上，且要面向图腾方向。在使用专家的这两个命令时，要使用点操作实现，例如 expert.turnUp() 和 expert.turnDown()。

专家和主角都是场景中可以使用的人物，下面对比主角和专家的基本技能和特殊技能，如表 11.1 所示。

表 11.1　主角和专家的基本技能和特殊技能

人物	人物形象	基本技能	基本技能应用	特殊技能	特殊技能应用
主角		move(); // 前进	child.move();	jump(); // 跳跃	child.jump()
		left(); // 左转	child.left();		
		right(); // 右转	child.right();		
		take(); // 收集南瓜	child.take();		
		toggle(); // 切换开关状态	child.toggle();		
专家		move(); // 前进	expert.move();	turnUp(); // 向上移动冰块	expert.turnUp();
		left(); // 左转	expert.left();		
		right(); // 右转	expert.right();	turnDown(); // 向下移动冰块	expert.turnDown();
		take(); // 收集南瓜	expert.take();		
		toggle(); // 切换开关状态	expert.toggle();		

这里提到的主角的跳跃功能 jump()，将在第 12 章中进行详细介绍。

11.5 关卡案例

11.5.1 初始化专家

 关卡说明

关卡编号：10-1

关卡难度：*

通关条件：南瓜 1 个，开关 0 个。

关卡目标：初始化专家，并升起平台通关。

关卡 10-1 场景图如图 11.2 所示。

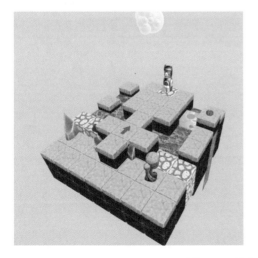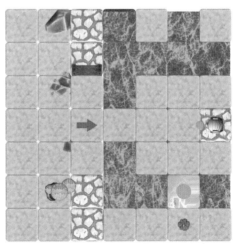

图 11.2　关卡 10-1 场景图

本关卡的任务是收集 1 个南瓜，南瓜所在的位置不能直接到达，需要专家借助图腾的力量升起冰块。因此，需要先初始化一个专家，然后使用专家的特殊技能向上移动冰块，连通南瓜所在的区域。

```
var expert = new Expert();
expert.move();
expert.move();
expert.move();
expert.turnUp();
expert.right();
expert.move();
expert.move();
expert.move();
expert.take();
```

初始化专家使用 var expert = new Expert()，然后调用 expert.turnUp() 命令向上移动冰块，让专家可以走到南瓜的位置进行收集。关卡 10-1 通关路线图如图 11.3 所示。

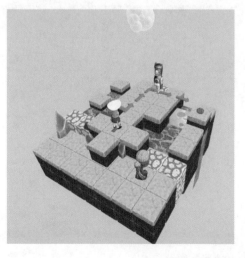
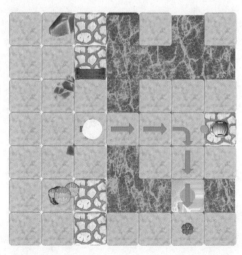

图 11.3　关卡 10-1 通关路线图

11.5.2 专家技能

关 卡 说 明

关卡编号：10-2

关卡难度：**

通关条件：南瓜 6 个，开关 0 个。

关卡目标：创建一个专家，并使用专家来通关。

关卡 10-2 场景图如图 11.4 所示。

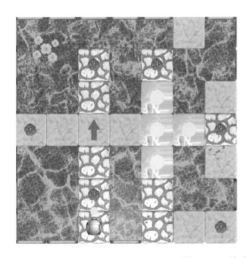

图 11.4　关卡 10-2 场景图

本关卡的任务是收集 6 个南瓜。需要先初始化一个专家，让专家向下移动冰块把所有路径连接起来。因为关卡的南瓜位置比较分散，尽量使用算法控制专家移动。

给大家一些提示，本关可以使用 while 循环控制专家收集 6 个南瓜，需要定义变量记录已经收集的南瓜数量，这样可以在恰当的时机让专家向下移动冰块。

```
var expert = new Expert();
expert.move();

var rewardCount = 0;
var isTurnDown = false;

while (rewardCount < 6){

  if (expert.isMoveBlock && expert.isLeftBlock && expert.isRightBlock){
    expert.left();
    expert.left();
  }

  if (!expert.isRightBlock){
    expert.right();
  }

  if (expert.isMoveBlock &&  expert.isRightBlock){
    expert.left();
  }

  expert.move();
  if (expert.isOnReward){
    expert.take();
    rewardCount += 1;
  }

  if (rewardCount == 3 && !isTurnDown){
    expert.turnDown();
    isTurnDown = true;
  }

}
```

　　在本关定义两个变量，变量 rewardCount 记录已经收集南瓜的总数，变量 isTurnDown 记录冰块是否已经向下到合适的位置。在 while 循环中使用变量

rewardCount 控制循环何时停止。

本关的难点有两个，一是何时让专家转向，二是何时让冰块下移。

专家转向的时机是通过分析专家受阻情况，当专家同时满足前方受阻、左侧受阻和右侧受阻时则转身；当右侧不受阻时则右转；当前方受阻并且右侧受阻时则左转。

代码

```
if (expert.isMoveBlock && expert.isLeftBlock && expert.isRightBlock){
    expert.left();
    expert.left();
}

if (!expert.isRightBlock){
    expert.right();
}

if(expert.isMoveBlock &&  expert.isRightBlock){
    expert.left();
}
```

冰块向下移动的时机，是当专家在收集第 3 个南瓜后，此时刚好面向图腾，调用 turnDown() 命令下移冰块。另外，还需要避免专家重复移动冰块，只需要将定义的变量 isTurnDown 在移动冰块后赋值为 true，这样就不会多次移动冰块了。

代码

```
if (rewardCount == 3 && !isTurnDown){
    expert.turnDown();
    isTurnDown = true;
}
```

关卡 10-2 通关路线图如图 11.5 所示

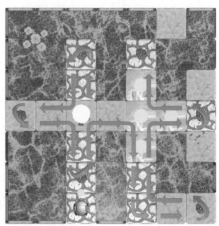

图 11.5　关卡 10-2 通关路线图

　两个搭档

关卡编号：10-3

关卡难度：*

通关条件：南瓜 2 个，开关 0 个。

关卡目标：初始化一个专家和一个主角实例。

关卡 10-3 场景图如图 11.6 所示。

本关卡的任务是收集两个南瓜，此关卡需要创建专家和主角，专家控制图腾，帮助主角通过传送门到达远处平台收集南瓜。

地上的红色箭头是专家初始化的默认位置，黑色的箭头是主角初始化的默认位置。在创建专家和主角后，这两个人物会分别站在不同颜色的箭头所在的砖块上面。

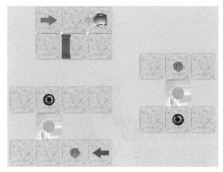

图 11.6 关卡 10-3 场景图

代码

```
var expert = new Expert();
var child = new Child();

expert.move();
expert.turnUp();

child.move();
child.take();
child.move();
child.right();
child.move();
child.move();

expert.turnDown();

child.move();
child.move();
child.take();
```

在初始化专家 expert 和主角 child 后，分别控制两个人物，互相配合完成南瓜收集。专家调用 turnUp() 命令和 turnDown() 命令，控制冰块的上升和下降。

关卡 10-3 通关路线图如图 11.7 所示。

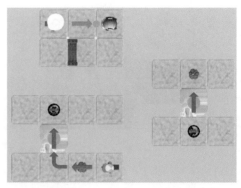

图 11.7　关卡 10-3 通关路线图

11.5.4　协作配合

关卡说明

关卡编号：10-4

关卡难度：***

通关条件：南瓜 2 个，开关 0 个。

关卡目标：创建主角和专家，并让它们共同协作通关。

关卡 10-4 场景图如图 11.8 所示。

本关卡的任务是收集 2 个南瓜，需要创建专家和主角，然后互相配合完成关卡任务。

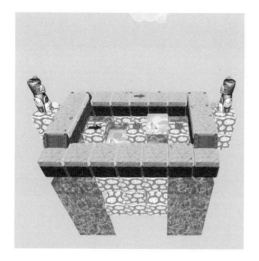

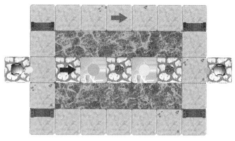

图 11.8　关卡 10-4 场景图

给大家一些提示，本关卡使用专家来点亮一个图腾，让主角能够到达第一个南瓜的位置，然后再让专家点亮另外一个图腾，以便主角能够达到第二个南瓜的位置。

```
var expert = new Expert();
var child = new Child();

void ExpertWay1(){
  expert.move();
  expert.move();
  expert.move();
  expert.right();
  expert.move();
  expert.move();
}

void ExpertWay2(){
  expert.move();
```

```
        expert.move();
        expert.right();
        expert.move();
        expert.move();
        expert.move();
    }

    void ChildTake(){

        child.move();
        child.move();
        child.take();
    }

    ExpertWay1();
    expert.left();
    expert.turnUp();
    expert.right();

    ChildTake();

    ExpertWay2();
    ExpertWay1();

    expert.left();
    expert.turnDown();

    ChildTake();
```

代码中创建了专家 expert 和主角 child，由专家负责点亮图腾，主角负责收集南瓜。将专家的移动定义为两个函数 ExpertWay1() 和 ExpertWay2()，便于多次调用。将主角的移动和收集定义为函数 ChildTake()，也是便于多次调用。关卡 10-4 通关路线图如图 11.9 所示。

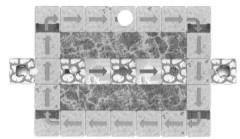

图 11.9 关卡 10-4 通关路线图

11.6 本章总结

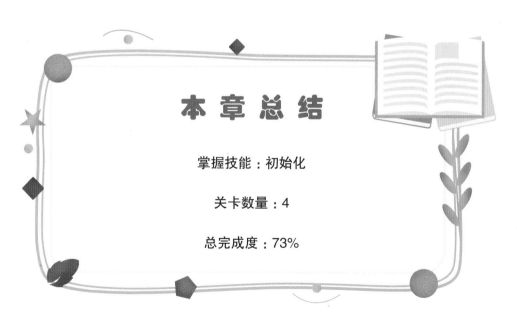

本 章 总 结

掌握技能：初始化

关卡数量：4

总完成度：73%

本章介绍了如何初始化专家和主角，以及如何在场景中同时初始化两个人物。

专家可以通过图腾控制冰块的移动，图腾和冰块有着颜色对应关系，同颜色的图腾可以控制同颜色的冰块移动。

 习　题

1. 以下哪部分代码可以正常创建一个专家，并让专家向前走一步？（　　　）

A. var expert = new Expert();　　　　B. var expert = new Expert();

expert.move();　　　　　　　　　　　Expert.move();

2. 以下哪部分代码会让场景中的冰块向上移动两次？（　　　）

A. var expert = new Expert();　　　　B. var expert = new Expert();

expert.turnUp();　　　　　　　　　　expert.turnUp();

　　　　　　　　　　　　　　　　　　expert.turnUp();

3. 以下哪部分代码能让冰块移动后回到原来的位置？（　　　）

A. var expert = new Expert();　　　　B. var expert = new Expert();

expert.turnUp();　　　　　　　　　　expert.turnUp();

　　　　　　　　　　　　　　　　　　expert.turnDown();

4. 以下哪部分代码可以同时创建专家和主角？（　　　）

A. var a = new Expert();　　　　　　B. var a = new Expert();

var b = new Child();　　　　　　　　var a = new Child();

第 12 章
参　数

通过参数可以将信息传递到函数中，函数不仅可以接收一个参数，也可以接收多个参数。将坐标和方向作为参数传递到主角或专家的初始化函数中，可以在特定位置和方向创建主角或专家。

12.1 单参函数

同学们，move() 这个命令大家都不陌生吧?

不陌生，是移动的命令。

要向前移动很多格，大家想想有哪些方法?

可以每移动一格就写一条 move() 命令，也可以用
for 循环多次调用 move() 命令。

非常正确。对于 move() 这个命令，小括号里面一
直是空的，大家有没有想过，括号里面会不会有内容呢?

是的，我产生过疑问。

在有些函数中，可以在小括号里向函数传递参数，
如 move() 这个命令，就可以写成 move(10)，表示向前
移动 10 格。

真的很灵活，而且一条命令就能实现多步移动。

让我们开始学习吧。

　　之前章节中学习过函数和初始化，本章对这部分内容进行了扩展。参数可以
将信息传递到函数中，函数可以接收一个或多个参数，从而使函数变得更为灵活。

虽然 move() 命令支持整数参数，例如 move(3)，但这里为了讲解如何实现函数的参数传递，还是自定义一个带有一个参数的函数 moveBy(int step)，实现主角多步移动的功能。

代码

```
void moveBy(int step){
  for(int i = 0; i < step; i++){
    move();
  }
}
```

和以往的函数定义对比，函数 moveBy(int step) 在小括号里面多了一个变量声明，int 表示变量是整数，step 是变量的名称。在函数体中就可以使用这个整数变量 step，控制主角调用 move() 命令的次数。

带有参数的函数定义好了，下面介绍如何使用函数 moveBy(int step)。

代码

```
moveBy(3);
```

当函数调用时，要根据函数定义所声明的参数，向函数逐个提供参数的值。在 moveBy(int step) 的函数调用中，只定义了一个整数参数，这样只需传递一个整数值即可。

在示例代码中，moveBy(3) 表示将 3 作为参数传递给函数，函数中的变量 step 的值就被设定为 3，控制 for 循环让主角向前走 3 步，如图 12.1 所示。

图 12.1 主角向前走 3 步示例场景

函 数 定 义	函 数 调 用

void 函数名称 (参数类型 参数名)
{
    命令 1;
    命令 2;
    ⋮
    }
	函数名称 (参数数值);

在定义有参数的函数时，参数写在小括号里面。在函数调用的时候，也需要按照函数的定义提供参数。如果在定义的时候有参数，而在函数调用的时候没有提供参数，代码就会出现错误。下面的代码就是有错误的代码。

```
moveBy();
```

12.2 多参函数

如果使用一个参数没有办法满足函数定义的要求，就可以在函数中定义多个参数。多参函数的定义和调用方法如下。

函 数 定 义	函 数 调 用

void 函数名称 (参数类型 1 参数 1,参
数类型 2 参数 2)
{
    命令 1;
    ⋮
    }
	函数名称 (参数 1,参数 2);

在这个示例中，专家要收集到南瓜，需要向下移冰块 3 次，然后利用冰块走

到南瓜一面，如图 12.2 所示。为了以后用起来方便，可以将专家移动冰块的动作定义成函数，不仅要控制冰块移动的次数，还要控制冰块移动的方向。

图 12.2　专家收集南瓜示例场景

代码

```
var expert = new Expert();

void TurnTotem( bool up, int times){
  for(int i =0;i<times;i++){
   if (up){
     expert.turnUp();
   }else{
     expert.turnDown();
   }
  }
}
```

函数 TurnTotem(bool up, int times) 支持两个参数：up，表示是否向上移动冰块；times，表示冰块的移动次数。定义多参数的函数，多个参数要使用逗号分隔，参数的类型可以相同也可以不同，但每个参数都要用不同的名称，不可以重复。

注意　在上面的示例中，定义了第一个参数 up 是布尔类型，第二个参数 times 是整数类型。因此在函数调用的时候，也要遵循函数定义的顺序。

```
TurnTotem(true, 3);
TurnTotem(false, 5);
```

有了这个函数，就可以用一次函数调用控制专家向上或向下移动多次冰块。

12.3　坐标和方向

在关卡中，坐标可以用来区分位置，通过坐标，就可以把主角或专家初始化在指定的砖块上。在关卡中，所有的物体都有自己的坐标，例如砖块、水面、南瓜、开关和传送门等，如图 12.3 所示。

图 12.3　坐标示例场景

砖块上橙色的两个数字，中间用逗号分隔，这些数字就是每个砖块的坐标。在编程平台中，通过在砖块上右击，对应砖块的上面就会出现这个砖块坐标。

坐标由两个数字组成，例如（1，2）或者（3，4），分别表示砖块在第几行和第几列，或者说砖块的 x 轴和 y 轴的坐标是多少。例如（1，2）就表示砖块在第 1 行的第 2 列，或者说，其 x 轴的坐标是 1，y 轴的坐标是 2。

有了坐标的帮助，就可以将专家或主角初始化到指定位置上。但还需要注意，如果指定的位置上有其他物品和人物，初始化的过程就会失败，代码也会停止运行。就是说，只能让专家和主角初始化在空白的砖块上，有物品的砖块、水面等位置都不可以作为初始化的位置。

有了坐标，初始化专家和主角时，我就可以指定具体位置了。

是的。

我还有一点不明白，以前初始化时不用指定坐标呀。

不是没有指定，是系统为了方便大家学习，给了一个默认的位置。学习坐标后，大家就可以指定坐标位置，让人物出现在期望的位置上了。

太好了。我还有一个问题。

什么问题？

虽然可以指定人物初始化的位置，但如何控制专家初始化的方向，有的时候朝向图腾，有时不朝向图腾。

老师现在就给大家介绍一下方向的知识。

方向分为东、南、西、北，分别表示为 Direction.west（西）、Direction.east（东）、Direction.north（北）和 Direction.south（南）。这样对方向的描述就是"枚举"，即把所有可能的方向都罗列了出来。

为了便于在关卡中识别方向，在关卡中用英文单词 NORTH 设置了一个"指示牌"，单词下方箭头的方向就是 Direction.north（北）。这样，专家初始化的方向就可以根据指示牌进行设定，如图 12.4 所示。

Direction.north

Direction.south

Direction.east

Direction.west

图 12.4　专家初始化的方向

在代码中初始化一个专家，所在的位置是（1，1），朝向北面。再初始化一个主角，所在的位置是（2，1），朝向东面。

```
var expert = new Expert(1,1,Direction north);
var child = new Child(2,1,Direction.east);
```

初始化专家和主角的时候，增加方向的参数，放在第三个参数位置。如果初始化专家和主角的时候没有给出方向参数，这样也是可以的，系统会用Direction.north（北）作为默认方向。

12.4 跳跃

跳跃是主角的一个新技能，除了跳跃，主角还可以移动、左右转向、收集南瓜和切换开关。跳跃是主角的技能，专家是不具备这项技能的。

jump();

功能：从一个砖块跳到另一个砖块

说明：砖块必须相连，最多可以有半个砖块的高度差

跳跃可以让主角从一个砖块跳到另一个砖块，这两个砖块必须相连，可以是一样高度的，也可以有半个格的高度差。因此，主角既可以水平跳跃，也可以上下跳跃，如图 12.5 所示。

图 **12.5** 主角的跳跃

代码

```
var child = new Child();
child.jump();
```

使用跳跃命令 jump() 和收集命令 take() 的方法相似，如果场景中没有主角就要先初始化主角。需要注意的是，前方必须要有砖块或冰块才能跳跃，否则主角是不能跳跃的。

12.5　关卡案例

 多步前进

 关卡说明

关卡编号：11-1

关卡难度：*

通关条件：南瓜 1 个，开关 0 个。

关卡目标：编写一个前行特定步数的函数。

关卡 11-1 场景图如图 12.6 所示。

本关卡的任务是收集 1 个南瓜。需要先初始化一个专家，让专家走到图腾的面前，操作蓝色冰块升起，这样专家才能走到南瓜所在的位置。

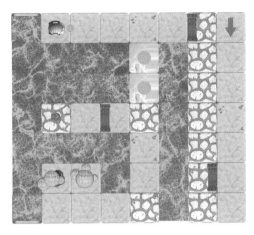

图 12.6 关卡 11-1 场景图

本关卡的逻辑思路很简单，但是移动的步数很多。在这一关中不能使用 move(int) 函数，因此需要自定义一个带有参数的多步函数，通过一次函数调用让专家前进多个砖块。

代码

```
var expert = new Expert();

void moveBy(int step){
  for(int i = 0; i < step; i++){
    expert.move();
  }
}
moveBy(5);
expert.right();
expert.move();
expert.right();
moveBy(5);
expert.left();
moveBy(4);
expert.turnUp();
expert.right();
expert.right();
```

```
moveBy(2);
expert.right();
moveBy(3);
expert.right();
moveBy(3);
expert.take();
```

代码中定义专家的多步移动函数 moveBy(int step)。需要提醒大家，一定要在函数体外初始化专家，而不能在 moveBy(int step) 函数中初始化专家。因为函数会被多次调用，如果放在函数体中初始化专家，就会每次调用都在场景中出现一个专家。

代码

```
var expert = new Expert();
void moveBy(int step){
  for(int i = 0; i < step; i++){
    expert.move();
  }
}
```

关卡 11-1 通关路线图如图 12.7 所示。

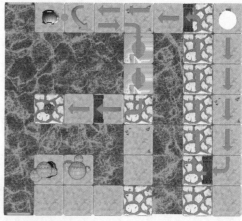

图 12.7　关卡 11-1 通关路线图

12.5.2 带参函数

 关卡说明

关卡编号：11-2

关卡难度：**

通关条件：南瓜 2 个，开关 0 个。

关卡目标：编写将图腾向上或向下转动指定次数的函数。

关卡 11-2 场景图如图 12.8 所示。

 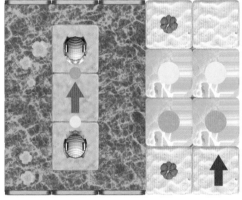

图 12.8 关卡 11-2 场景图

本关卡的任务是收集 2 个南瓜，需要专家和主角配合来完成任务。关卡中有两种颜色的冰块，需要专家控制图腾不断地移动冰块，让主角可以到达各个高度的平台收集南瓜。

这一关可以参考 12.2 节的内容，自定义函数控制冰块上升或下降。自定义的函数支持控制冰块的移动方向，还支持控制冰块的移动次数。

```
var expert = new Expert();
var child = new Child();

void TurnTotem( bool up, int times){
  for(int i =0;i<times;i++){
    if (up){
      expert.turnUp();
    }else{
      expert.turnDown();
    }
  }
}

TurnTotem(true, 3);

child.move();
child.left();
child.move();
child.left();

TurnTotem(false, 2);
child.move();
child.take();

child.left();
child.left();
child.move();

TurnTotem(true, 2);
expert.left();
expert.left();
TurnTotem(true, 3);

child.move(2);
child.take();
```

代码中定义了冰块移动的函数 TurnTotem(bool up, int times)，第一个参数是布尔型，用来控制冰块上移还是下移；第二个参数为整数型，用来控制移动冰块的次数。

在函数定义后，就可以根据需要来移动不同颜色的冰块，让主角可以收集到所有的南瓜。

关卡 11-2 通关路线图如图 12.9 所示。

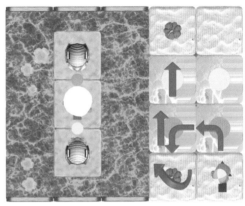

图 12.9　关卡 11-2 通关路线图

 上下移动

 关 卡 说 明

关卡编号：11-3

关卡难度：***

通关条件：南瓜 8 个，开关 0 个。

关卡目标：使用专家和自定义函数来收集所有南瓜。

关卡 11-3 场景图如图 12.10 所示。

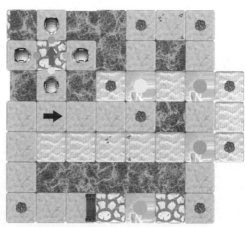

图 12.10 关卡 11-3 场景图

本关卡的任务是收集 8 个南瓜，此关卡仍然需要专家和主角配合来完成任务。关卡中有 4 种颜色的冰块，需要专家移动不同颜色的冰块到达适合的高度。这样主角才能够顺利地走到所有南瓜所在的位置。

给大家一些提示，从本关卡开始可以直接使用 move (int step) 函数和 turnTotem (bool up, int times) 函数。就是说，这些函数已经是系统提供的了，无须再自己定义，直接使用即可。

代码

```
var expert = new Expert();
var child = new Child();
expert.turnTotem(false, 2);
expert.right();
expert.turnTotem(false, 2);
expert.right();
expert.turnTotem(false, 2);
expert.right();
expert.turnTotem(false, 2);
expert.right();
child.move(3);
```

```
child.take();
child.left();
child.move(3);
child.take();
child.right();
child.move(2);
child.take();
child.right();
child.move(6);
child.take();
child.right();
child.move(6);
child.take();
child.right();
child.move(2);
child.right();
expert.turnTotem(false, 1);
expert.right();
expert.turnTotem(false, 1);
expert.right();
expert.turnTotem(false, 1);
expert.right();
expert.turnTotem(false, 1);
expert.right();
child.move(7);
child.take();
child.left();
child.move(2);
child.take();
child.left();
child.move(4);
child.take();
```

　　本关卡的南瓜分布在两层上，专家先将各颜色冰块下移两次，这样主角能在第一层内收集南瓜。收集完南瓜后，再全部下移一次，主角就可以在第二层收集完所有的南瓜。

伪代码

专家将 4 种颜色的冰块下移 2 次；
主角采集完第一层的南瓜；
专家将 4 种颜色的冰块下移 1 次；
主角采集完第二层的南瓜；

关卡 11-3 通关路线图如图 12.11 所示。

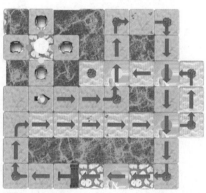

图 12.11　关卡 11-3 通关路线图

12.5.4 指定位置

关 卡 说 明

关卡编号：11-4

关卡难度：*

通关条件：南瓜 3 个，开关 0 个。

关卡目标：将专家放置在关卡世界中的特定位置。

关卡 11-4 场景图如图 12.12 所示。

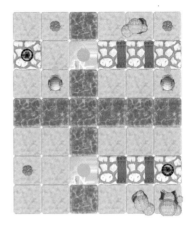

图 12.12 关卡 11-4 场景图

本关卡的任务是收集 3 个南瓜。此关卡没有红色箭头，因此初始化专家的位置需要在专家初始化函数中给出。选择适合的位置初始化专家，可以节省代码。

如果需要查看砖块的坐标，右击砖块就可以看到。

代码

```
var expert = new Expert(5, 5);

void GroupAction(){
  expert.move();
  expert.take();
  expert.left();
  expert.left();
  expert.move();
  expert.turnUp();
  expert.right();

}

GroupAction();
expert.move(4);
expert.right();
GroupAction();
```

```
expert.move(6);
expert.take();
```

代码中选择了粉色图腾前面的砖块作为专家初始化的位置，其坐标位置是（5，5）。专家先移动粉色冰块，再移动绿色砖块，最终顺利收集完场景中所有南瓜。

关卡 11-4 通关路线图如图 12.13 所示。

 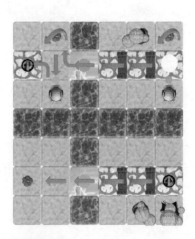

图 12.13　关卡 11-4 通关路线图

12.5.5　沙块过河

关 卡 说 明

关卡编号：11-5

关卡难度：**

通关条件：南瓜 10 个，开关 0 个。

关卡目标：将专家置于关卡世界中并通关。

关卡 11-5 场景图如图 12.14 所示。

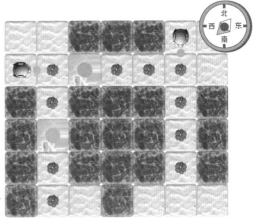

图 12.14 关卡 11-5 场景图

本关卡的任务是收集 10 个南瓜。因为需要操作图腾的技能，所以要初始化专家，需要指定专家出现的位置和方向。正确地设定专家的位置和方向，可以少写很多代码，快速完成收集南瓜工作。

代码

```
var expert = new Expert(0, 5, Direction.north);

var rewardCount = 0;

while (rewardCount < 10){
  if (expert.isMoveBlock){
    expert.turnUp();
    expert.left();
  }

  expert.move();

  if (expert.isOnReward){
    expert.take();
    rewardCount += 1;
```

```
        }


        }
```

代码中专家初始化的坐标是（0，5），朝向北。这样专家可以直接前进，无须再转向。

```
var expert = new Expert(0, 5, Direction.north);
```

每当专家走到前方受阻的位置时，前方一定会有图腾，此时可以升起冰块。

```
if (expert.isMoveBlock){
    expert.turnUp();
    expert.left();
}
```

关卡 11-5 通关路线图如图 12.15 所示。

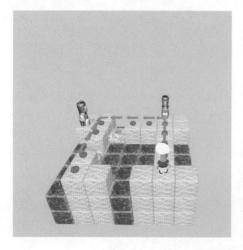

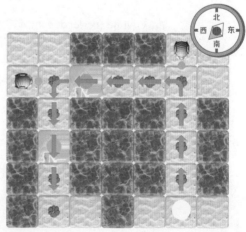

图 12.15　关卡 11-5 通关路线图

12.5.6 跳跃技能

关卡说明

关卡编号：11-6

关卡难度：**

通关条件：南瓜 4 个，开关 0 个。

关卡目标：放置主角和专家，然后使用主角跳跃能力通关。

关卡 11-6 场景图如图 12.16 所示。

 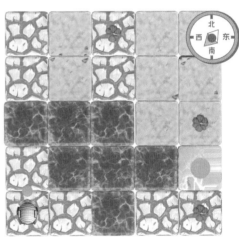

图 12.16　关卡 11-6 场景图

　　本关卡的任务是收集 4 个南瓜，需要同时使用专家和主角，专家在图腾前移动冰块，主角运用新的跳跃技能收集所有南瓜。初始化专家和主角的位置和方向非常重要，正确的位置和方向可以轻松完成关卡任务。

　　因为出现的位置不同，主角收集的方式就各不相同，可以多进行尝试，看哪种效果最方便、最简洁。

```
var expert = new Expert(1, 0, Direction.south);
expert.turnTotem(false, 2);


var child = new Child( 4, 0, Direction.east);

void JumpTwice(){
  child.jump();
  child.jump();
  child.take();
}

JumpTwice();
JumpTwice();
child.right();
JumpTwice();
JumpTwice();
```

代码中专家出现的坐标位置为（1，0），朝向南，这样专家就可以直接移动冰块操作。主角出现的坐标位置为（4，0），朝向东，这样主角就可以直接跳跃。

```
var expert = new Expert(1, 0, Direction.south);

var child = new Child(4, 0, Direction.east);
```

主角收集南瓜有如下规律，每跳跃两次后可以收集 1 个南瓜。根据这个规律，定义一个跳跃收集函数 JumpTwice()。

```
void JumpTwice(){
  child.jump();
  child.jump();
  child.take();
}
```

关卡 11-6 通关路线图如图 12.17 所示。

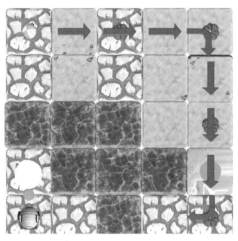

图 12.17　关卡 11-6 通关路线图

 两个专家

关卡编号：11-7

关卡难度：***

通关条件：动态条件。

关卡目标：运用初始化、参数以及其他知识通关。

关卡 11-7 场景图如图 12.18 所示。

本关卡会动态生成 1~3 个南瓜，任务是收集这些南瓜。关卡中有两条路线需要收集南瓜和操作图腾，因此需要初始化两个专家。两个专家分别控制不同颜色的图腾，帮助对方升起和降下冰块，以便收集到所有南瓜。

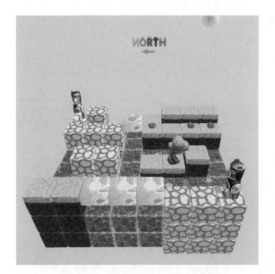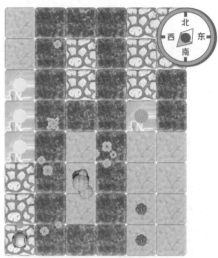

图 12.18　关卡 11-7 场景图

```
var expert1 = new Expert(7, 4, Direction.east);

var expert2 = new Expert(7, 0, Direction.south);

expert2.move(4);
expert1.turnDown();
expert2.move(2);

expert2.turnDown();

expert1.right();

for (int i=0;i<7;i++){
  expert1.move();
  if (expert1.isOnReward){
    expert1.take();
  }
}
```

代码中初始化两个专家，上面的专家移动黄色冰块，帮助下面的专家走到蓝色的图腾前，这样下面的专家就可以移动蓝色冰块，帮助上面的专家走到南瓜所在的位置。

关卡 11-7 通关路线图如图 12.19 所示。

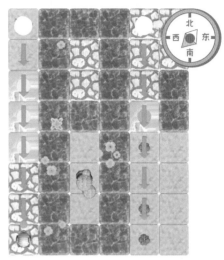

图 12.19　关卡 11-7 通关路线图

　两个岛屿

关卡说明

关卡编号：11-8

关卡难度：***

通关条件：南瓜 11 个，开关 0 个。

关卡目标：运用全部的编程技能来收集随机数量的南瓜。

关卡 11-8 场景图如图 12.20 所示。

 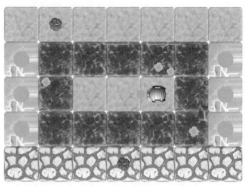

图 12.20　关卡 11-8 场景图

本关卡的任务是收集一定数量的南瓜，数量记录在系统变量 totalReward 中。南瓜的位置是随机的，并且随着时间推移，会有更多南瓜出现。

本关卡需要专家和主角一起配合，专家用来升降冰块，主角利用跳跃技能在平台上移动。本关卡的关键是如何让主角持续移动，以及专家何时升降冰块。

给大家一些小提示，首先让主角持续移动，可以使用 while 循环，只要没有收集到足够的南瓜就不停止运行，通过学过的系统变量来获取系统给出南瓜的总数。其次就是冰块升降的时机，需要定义一个布尔变量来判断上移或下移。本关卡有一定难度，大家仔细思考，多尝试，相信大家一定能通过本关卡。

```
log($ "totalReward:{totalReward}");

var expert = new Expert(2, 3, Direction.east);
var child = new Child(4, 0, Direction.east);

var rewardCount = 0;
var jumpCount = 0;
var isUp = true;

while (rewardCount < totalReward) {

    child.jump();
    jumpCount += 1;
    if (child.isOnReward){
```

```
                child.take();
                rewardCount = rewardCount + 1;
                log($ "rewardCount:{rewardCount}");
            }

            if (jumpCount == 6){
                jumpCount = 0;
                if (isUp){
                    expert.turnUp();
                    expert.turnUp();
                }else{
                    expert.turnDown();
                    expert.turnDown();
                }
                isUp = !isUp;

                child.right();
                child.move(4);
                child.right();
            }
        }
```

代码中专家出现的坐标为（2，3），朝向东，这样可以直接移动冰块。主角出现的坐标位置为（4，0），朝向东，这样主角可以顺时针方向跳跃来收集南瓜。定义变量 rewardCount 记录采集南瓜的总数，当收集南瓜总数小于系统变量 totalReward，while 循环就一直驱动主角顺时针移动并收集南瓜。

可以分 3 个步骤分析冰块上升或下降的控制。

（1）定义两个变量，变量 jumpCount 记录跳跃的步数，变量 isUp 为布尔变量，用来记录冰块是要上升还是下降。

```
                        var jumpCount = 0;
                        var isUp = true;
```

（2）每一侧都要跳跃 6 个砖块，每跳跃一次，跳跃总数 jumpCount 累加 1。当跳跃总数为 6 时就会到冰砖处，因此每跳跃 6 次，都将跳跃总数清零，保证下一侧跳跃时始终是从 0 开始计数。

代码

```
child.jump();
jumpCount += 1;

if (jumpCount == 6){
    jumpCount = 0;
}
```

（3）在到达冰块的位置后，如果 isUp 是 true，则表示冰块要上升，就让专家执行两次上升，反之就执行两次下降。执行完冰块操作后，将变量 isUp 置反，表示下一次的操作要与本次操作刚好相反。

代码

```
if (isUp){
  expert.turnUp();
  expert.turnUp();
}else{
  expert.turnDown();
  expert.turnDown();
  }
isUp = !isUp;
```

关卡 11-8 通关路线图如图 12.21 所示。

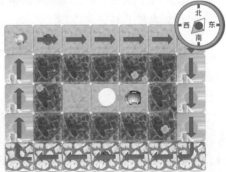

图 12.21　关卡 11-8 通关路线图

12.6 本章总结

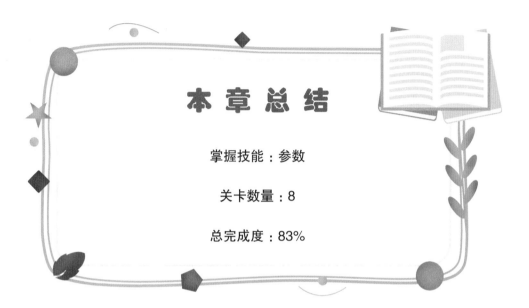

本 章 总 结

掌握技能：参数

关卡数量：8

总完成度：83%

本章重点学习了在函数中传递参数的方法。通过传递参数，可以让主角一次移动多个砖块，也可以让专家指定移动冰块的方向和距离，还可以指定专家或主角出现的位置。通过在函数中传递参数，让函数定义变得更为灵活实用。

习 题

1. 以下哪部分代码是正确的？（　　　）

```
A. void moveOrNot(bool isMove){
     if (isMove){
       move();
     }
   }
```

```
B. void moveOrNot(var isMove){
     if (isMove){
       move();
     }
   }
```

2. 以下哪部分代码是正确的？（　　　）

A. void leftBy(int count){
　　for(int i = 0; i < count; i++){
　　　　left();
　　}
}
leftBy(3);\n

B. void leftBy(int count){
　　for(int i = 0; i < count; i++){
　　　　left();
　　}
}
leftBy();

3. 以下哪部分代码可以正常创建一个专家，并让专家向前走一步？（　　　）

A. var expert = new Expert();
　expert.move();

B. var expert = new Expert();
　Expert.move();

4. 以下哪部分代码可以让主角向前移动 3 步？（　　　）

A. var child = new Child();
　child.moveBy(3);

B. var child = new Child();
　child.move(3);

5. 以下哪部分代码可以将专家的初始位置设置为（1，2）？（　　　）

A. var expert = new Expert(1, 2);

B. var expert = new Expert();

6. 以下哪部分代码表示初始化的主角是面朝东？（　　　）

A. var child = new Child(1, 1, Direction.east);

B. var child = new Child(1, 1, Direction.west);

7. 以下哪部分代码是正确的？（　　　）

A. var expert = new Expert();
　expert .jump();

B. var child = new Child();
　child.jump();\

第13章
构造世界

　　在掌握了初始化专家和主角后，本章要学习如何初始化更多的物品，如南瓜、开关、阶梯、砖块和传送门。有了初始化创造物品的能力，就可以在关卡中将不可到达的区域连接起来，同时也能够按大家的想法创造出属于自己的关卡。

老师，我们已经学习了很多知识，您曾说过要教我们创建属于自己的关卡，什么时候呢？我都迫不及待了。

别着急，本章就会给大家介绍。首先，老师要问问大家，在以前的关卡中，都有哪些物品？

我想一想，有南瓜、开关、砖块、阶梯，还有传送门。

是的，大家如果要创建属于自己的关卡，这些是必不可少的。

对了，老师，我差点忘了还有主角和专家，如果没有他们，就不会完成关卡。

嗯，你说得非常对，在之前的章节中已经给大家介绍了如何创建主角和专家，现在给大家介绍如何创建这些物品。

太棒了，我要好好想想，设计一个棒棒的关卡。

先认真听老师讲，本章创建的物品比较多，大家一定要先掌握好创建各种物品的方法，熟练掌握后才能设计好自己的关卡。

好的，老师。

13.1 创造砖块

在关卡中接触最多的就是砖块，砖块是构成每个关卡最基本的物品，如果要

构建世界首先要学会创建砖块。

创建砖块语法:
　　　　var 砖块名称 = new Cube(int x，int y);

在创建砖块的语法中，使用 new Cube（int x, int y）方法初始化一个砖块，并给出砖块的位置坐标。因为砖块四面都是一样的，所以无需方向的参数。注意关键字 new 后面的 Cube，C 是大写的。

```
var myCube = new Cube(1, 1);
```

上面的代码是在位置（1，1）创建一个砖块，砖块的名称是 myCube。如果要创建多个砖块，要使用不同的变量名称，这样才可以区别多个砖块，如图 13.1 和图 13.2 所示。

```
var cube1 = new Cube(1，1);
var cube2 = new Cube(1，2);
var cube 3= new Cube(1，3);
```

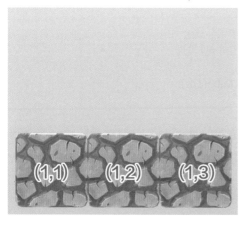

图 13.1　创建 3 个砖块（1）

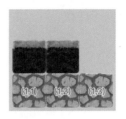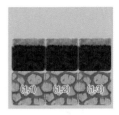

图 13.2　创建 3 个砖块（2）

　　砖块还有个特殊的功能，就是砖块可以堆叠，其他物品是不允许堆叠的。这就是说，可以在同一个位置上放置多个砖块，其他物品一个位置上只能放置一个，如图 13.3 所示。

图 13.3　砖块的堆叠

　　堆叠就是一个砖块在另一个砖块上面。如果主角前方的坐标是（1，1），使用下面的代码在（1，1）位置放置两个砖块，就会产生图中堆叠的效果。

```
var cube1 = new Cube(1, 1);

var cube2 = new Cube(1, 1);
```

　　先创建的砖块 cube1 会落到（1，1）位置的地面上，后创建的砖块 cube2 则会堆叠在 cube1 的上面。如果继续在这个坐标上放置砖块，后面的砖块就会不断堆叠在前一个砖块的上面。

13.2　创造传送门

传送门是关卡中最为神奇、有趣的物品，能够让人物从一个位置快速到达另一个位置。如果能够在关卡中任意创建传送门，就可以让主角到达任何想去的位置。

传送门都是成对出现的，所以在创建传送门的时候，也是一行命令同时创建两个传送门，也只有这两个传送门之间会互相传送人物，如图 13.4 所示。

图 13.4　创建传送门

创建传送门语法：
> var 传送门名称 = new Gate(Color, int x，int y, int x，int y)

在创建传送门的语法中，使用 new Gate(Color, int x，int y, int x，int y) 方法初始化一个传送门，第 1 个参数是传送门的颜色，第 2 个和第 3 个参数是第一个传送门的坐标位置，第 4 个和第 5 个参数是第二个传送门的坐标位置。

传送门的颜色是一个枚举,包含 4 个值：Color.blue(蓝色)、Color.pink(粉色)、Color.yellow（黄色）和 Color.green（绿色）。

```
var gate1 = new Gate(Color.blue, 1, 1, 1,3);
```

上面的代码中，会在坐标位置(1，1)和(1，3)的砖块上面创建两个蓝色的传送门，如图13.5所示。

图13.5　在坐标位置（1，1）和（1，3）上创建两个蓝色传送门

13.3　创造阶梯

在主角前进的过程中，如果遇到存在高度差的砖块，就需要使用阶梯才可以顺利通过，如图13.6所示。

图13.6　场景中的阶梯

在创建阶梯的语法中，使用 new Stair(int x, int y, Direction) 方法初始化一个阶梯，第 1 个和第 2 个参数表示阶梯放置的位置坐标，第 3 个参数是阶梯的方向。

现实生活中，方向分为东、南、西、北。关卡中的方向（Direction）枚举值也有 4 个：Direction.east（东）、Direction.south（南）、Direction.west（西）和 Direction.north（北），这里使用到的方向与初始化专家和主角用的方向枚举是同一个，如图 13.7 所示。

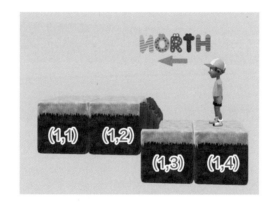

图 13.7　阶梯的方向

阶梯的方向是阶梯上楼梯动作的方向，因此在图 13.7 中，主角上楼梯的方向是 Direction.north（北），阶梯的方向也是一样的，创建阶梯的代码如下。

```
var newStair = new Stair(1, 3, Direction.north);
```

还是上面的代码，如果把阶梯放反了，将方向设置为 Direction.south（南），这样的阶梯则完全是不能用的，其场景如图 13.8 所示。因此在调试代码时，应及时发现问题并进行调整。

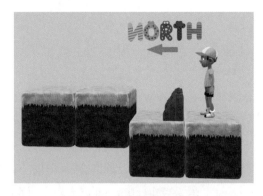

图 13.8 阶梯放反的场景

13.4 创造南瓜和开关

南瓜和开关一直作为关卡的通关条件，只有收集到一定数量的南瓜或打开一定数量的开关才能完成关卡任务。如果大家可以自己创造南瓜和开关，关卡就会变得更加有趣。

创建南瓜和开关的语法：
    var 南瓜名称 = new Reward(int x, int y);
    var 开关名称 = new Switch(int x, int y);

创建南瓜和开关的语法相似，都是在初始化的函数中提供位置坐标作为参数。需要注意的是，南瓜、开关这些物品只能在空砖块上创建，如果砖块上有其他物品或者人物，创建的代码会运行失败。

代码

```
var reward = new Reward(1,1);
var mySwitch = new Switch(1,2);
```

代码创建了一个南瓜和一个开关，位置分别是（1，1）和（1，2），如图 13.9

所示。在命名时，南瓜的实例名称是 reward，开关的实例名称是 mySwitch。因为 switch 是 C# 语言的关键字，所以不能用 switch 作为开关实例的名称，大家可以使用 sw、ss 或 mySwitch 这样的名称。

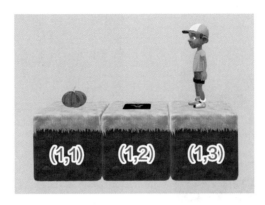

图 13.9　南瓜和开关的位置

13.5　关卡案例

 13.5.1　连接区域

关卡说明

关卡编号：12-1

关卡难度：*

通关条件：南瓜 1 个，开关 0 个。

关卡目标：添加新的砖块连接世界的两个区域。

关卡 12-1 场景图如图 13.10 所示。

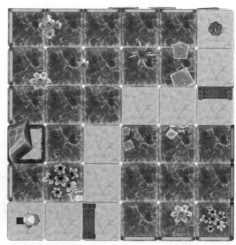

图 13.10　关卡 12-1 场景图

本关卡的任务是收集远处唯一的南瓜。南瓜位于无法到达的区域，因此需要添加一个砖块，将两个部分连接起来，这样主角就能够到达南瓜所在的位置。

通过右击砖块或者水面，可以获得该位置的坐标。这样，就可以准确地将新的砖块添加到指定位置上。

代码

```
var cube = new Cube(3, 2);

move(2);
left();
move(3);
right();
move(3);
left();
move(2);

take();
```

代码中在坐标（3，2）添加了一个砖块，获取这个坐标是通过右击对应位置的水面获得的。这样，主角就可以顺利到达南瓜所在的位置。

关卡 12-1 通关路线图如图 13.11 所示。

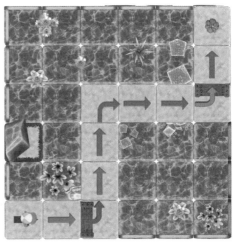

图 13.11 关卡 12-1 通关路线图

 堆叠砖块

 关卡说明

关卡编号：12-2

关卡难度：*

通关条件：南瓜 2 个，开关 2 个。

关卡目标：添加砖块来填补所有缺口。

关卡 12-2 场景图如图 13.12 所示。

本关卡的任务是收集 2 个南瓜和打开 2 个开关，南瓜依旧位于无法到达的区域，还是需要添加砖块将两个区域连接起来。

 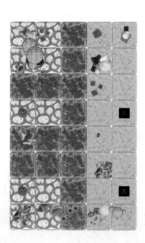

图 13.12　关卡 12-2 场景图

　　砖块是可以堆叠的，如果添加一个砖块的高度不够，可以尝试在同样的位置上放多个砖块，通过砖块堆叠达到一定的高度。

```
for (int i = 0; i < 2 ;i++){
    var cube1 = new Cube(1, 2);
    var cube2 = new Cube(4, 2);

}

void ToggleTake(){
    move(3);
    toggle();
    right();
    move(4);
    take();
    left();
    left();
    move(4);
    right();

}

ToggleTake();
ToggleTake();
```

代码中使用 for 循环在同一个位置上添加了两个砖块，两个砖块产生了堆叠，将所有区域连接起来。关卡 12-2 通关路线图如图 13.13 所示。

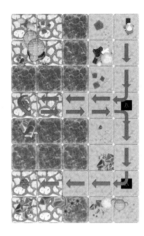

图 13.13 关卡 12-2 通关路线图

13.5.3 创建传送门

关卡编号：12-3

关卡难度：**

通关条件：南瓜 8 个，开关 0 个。

关卡目标：添加传送门来传送到不同的区域。

关卡 12-3 场景图如图 13.14 所示。

本关卡的任务是收集 8 个南瓜，南瓜分布在两座漂浮的岛屿上。需要在两个岛屿上创造一组传送门，让主角可以顺利到达另一个岛屿收集南瓜。需要注意的是，传送门只能设置在没有南瓜的砖块上。

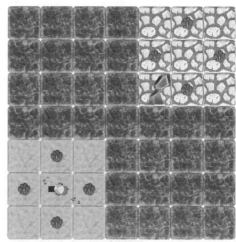

图 13.14　关卡 12-3 场景图

```
var gate = new Gate(Color.blue, 2, 2, 5, 5);

void OneReward(){
  move();
  take();
  left();
  left();
  move();
  right();
}

for (int i = 0 ; i < 4; i++) {
  OneReward();
}

move();
left();
move();

gate.isActive = false;
```

```
for (int i = 0 ; i < 4; i++) {
    OneReward();
}
```

首先找到放置两个传送门的坐标位置（2,2）和（5,5）,这两个砖块上没有南瓜，然后调用传送门的初始化函数创建这组传送门。

```
var gate = new Gate(Color.blue, 2, 2,5,5);
```

在收集过程中，定义了函数 OneReward() 用来完成单个南瓜的收集。这个函数可以让主角在收集前面的南瓜后，回到原地，并右转一次，准备好下次的收集。然后使用 for 循环多次调用函数 OneReward()，收集岛屿上所有的南瓜。

```
void OneReward(){
    move();
    take();
    left();
    left();
    move();
    right();
}

for (int i = 0 ; i < 4; i++) {
    OneReward();
}
```

在收集过程中，通过 gate.isActive = false 关闭了传送门，避免主角经过时被传送回初始的岛屿。关卡 12-3 通关路线图如图 13.15 所示。

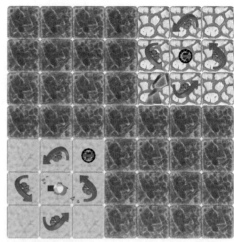

图 13.15　关卡 12-3 通关路线图

　创建阶梯

关卡说明

关卡编号：12-4

关卡难度：**

通关条件：南瓜 9 个，开关 0 个。

关卡目标：添加阶梯来通关。

关卡 12-4 场景图如图 13.16 所示。

本关卡的任务是收集 9 个南瓜，南瓜位于 3 个无法到达的区域，主角要经过中间的平台才能到达有南瓜的区域。因此，可以在适当的位置放置一些阶梯，让主角可以通过中间的平台到达其他区域。

本关卡有多种收集方法，建议大家写一个"右手定则"算法，能够快速收集到所有的南瓜。

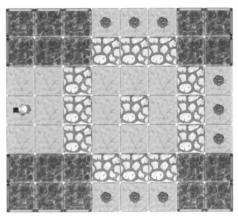

图 13.16 关卡 12-4 场景图

```
var stair = new Stair(3, 2, Direction.east);

for(int i=3;i<6;i++){
  var stairLine1 = new Stair(1, i, Direction.north);
}

for(int i=3;i<6;i++){
  var stairLine1 = new Stair(1, i, Direction.north);
}

for(int i=2;i<5;i++){
  var stairLine1 = new Stair(i, 6, Direction.west);
}

for(int i=3;i<6;i++){
  var stairLine1 = new Stair(5, i, Direction.south);
}

var rewardCount = 0;
```

```
while (rewardCount < 9){
  if (!isRightBlock){
    right();
  }

  if (isMoveBlock){
    left();
  }

  move();

  if (isOnReward){
    take();
    rewardCount += 1;
  }

}
```

代码中采取"右手定则"的算法，让主角沿着右侧的边缘通行，这种方法可以让主角的行进路线经过所有的南瓜。在如图 13.17 所示的通关路线中，一些位置需要设置阶梯，让主角可以走到中间的平台上。

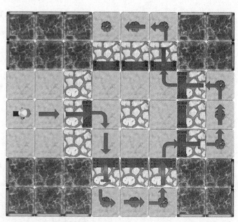

图 13.17　关卡 12-4 通关路线图

连接孤岛

关卡编号：12-5

关卡难度：***

通关条件：南瓜 0 个，开关 6 个。

关卡目标：添加砖块、阶梯或传送门。

关卡 12-5 场景图如图 13.18 所示。

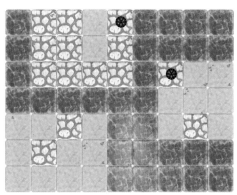

图 13.18　关卡 12-5 场景图

本关卡的任务是打开 6 个开关，开关分布于 3 个孤岛区域。本关卡的解决方案有很多，可以使用砖块、阶梯连接岛屿，也可以使用传送门让主角到达其他岛屿。无论初始化主角（Child）还是专家（Expert），这两个人物都可以完成关卡任务。

代码

```
var child = new Child(2, 0, Direction.east);

void OneGroup(){
  child.jump();
  child.toggle();
  child.jump();
  child.right();
  child.jump();
  child.toggle();

}


OneGroup();

var cube = new Cube(3,2);

child.left();
child.left();
child.move();
child.jump();
child.jump();

OneGroup();

var gate = new Gate(Color.pink, 6 , 4, 4, 6 );
child.jump();

OneGroup();
```

代码中分别使用了添加砖块和传送门的方法，将3个岛屿连接起来，并初始化了主角（Child），利用主角的跳跃功能收集南瓜。关卡12-5通关路线图如图13.19所示。

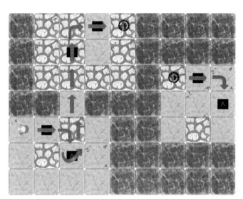

图 13.19 关卡 12-5 通关路线图

 **13.5.6** 构造路径

关 卡 说 明

关卡编号：12-6

关卡难度：**

通关条件：动态条件。

关卡目标：构造你的世界并收集数量随机的南瓜。

关卡 12-6 场景图如图 13.20 所示。

本关卡的任务是收集一定数量的南瓜，南瓜的数量记录在系统变量 totalReward 中，南瓜位置是随机的，并且南瓜不会一次性全都出现在关卡中，而是随着时间推移不断出现。

 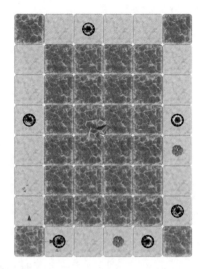

图 13.20 关卡 12-6 场景图

本关中有 3 种颜色的传送门，每个角落都缺失一个砖块。需要把关卡的各个部分连接起来，无论是使用砖块，还是使用传送门都可以。建议大家写一个算法，让主角可以持续行走，直到收集到指定数量的南瓜。

```
log($"totalReward:{totalReward}");

var child = new Child(6, 0, Direction.south);

blueGate.isActive = false;
pinkGate.isActive = false;
greenGate.isActive = false;

var cube1 = new Cube(0,0);
var cube2 = new Cube(7,0);
var cube3 = new Cube(7,5);
var cube4 = new Cube(0,5);

var rewardCount = 0;
```

```
while (rewardCount < totalReward){
  if (child.isMoveBlock){
    child.left();
  }

  child.move();

  if (child.isOnReward){
    child.take();
    rewardCount += 1;
  }

}
```

代码中提供了一种解决方案：关闭所有的传送门，补齐缺失的 4 个砖块，让主角逆时针行走，直到收集完系统指定数量的南瓜。关卡 12-6 通关路线图如图 13.21 所示。

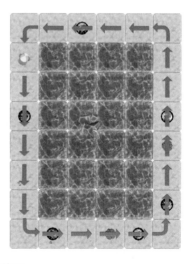

图 13.21 关卡 12-6 通关路线图

13.5.7 创意关卡

关 卡 说 明

关卡编号：12-7

关卡难度：*

通关条件：动态条件。

关卡目标：改变世界中的所有元素，创建自己的关卡。

关卡 12-7 场景图如图 13.22 所示。

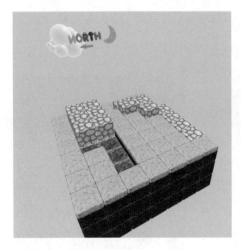
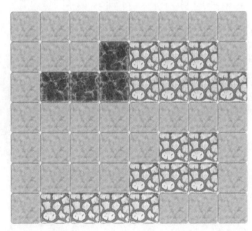

图 13.22　关卡 12-7 场景图

在这一关卡中，除砖块和水以外什么都没有。大家可以在这个场景中放置之前学习过的关卡人物和物品，例如主角、专家、砖块、阶梯和传送门，以及作为通关条件的南瓜和开关。

在关卡场景中添加的南瓜和开关，因为会被视作必要的通关条件，所以一定

要收集所有关卡中出现的南瓜，并打开所有关卡中出现的开关。

使用掌握的所有方法来创建属于自己的关卡，尽情发挥大家的创意。

```
var reward = new Reward(2,0);
var mySwitch = new Switch(2,2);

var child = new Child(2,3, Direction.west);
child.move();
child.toggle();
child.move(2);
child.take();
```

代码中初始化了 1 个主角，并创建了 1 个开关和 1 个南瓜。主角沿直线经过开关和南瓜，完成自己设定的关卡目标。关卡 12-7 通关路线图如图 13.23 所示。

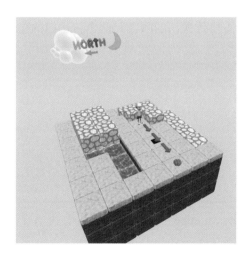

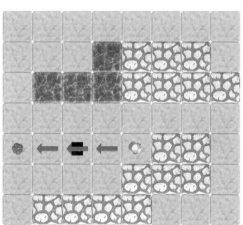

图 13.23　关卡 12-7 通关路线图

13.6 本章总结

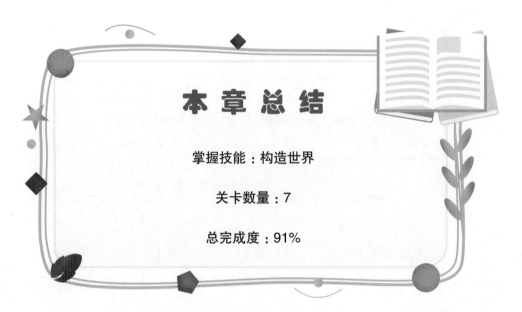

本 章 总 结

掌握技能：构造世界

关卡数量：7

总完成度：91%

本章学习了创建砖块、传送门、阶梯、南瓜和开关的方法。初始化砖块、南瓜和开关，仅需要位置信息；初始化传送门需要传送门的颜色和两个传送门的位置信息；初始化阶梯需要位置信息和方向。

习 题

1. 以下哪部分代码是正确的？（　　　）

   A. var cube = Cube(1，1)　　　　　　　B. var cube = Cube()

2. 以下哪部分代码是在坐标（1，3）上放置 3 个砖块？（　　　）

   A. var count = 0;　　　　　　　　　　B. for(int i =0 ; i<3; i++){

   　　while (count < 3){　　　　　　　　　f 　var cube = Cube(1，3)

   　　var cube = Cube(1，3)　　　　　　　}

   　　}

3. 以下哪部分代码是在坐标（1，3）和（1，5）上放置一个黄色传送门？（　　　）

    A. var gate = new Gate(Color.yellow, 1, 3, 1, 5)

    B. var gate = new Gate(Color.pink, 1, 3, 1, 5)

4. 以下哪部分代码是在坐标（1，2）上放置一个朝向北的阶梯？（　　　）

    A. var newStair = new Stair(1, 2, Direction.north)

    B. var newStair = Stair(1, 2, Direction.north)

第 14 章
数　组

数组是数据的组合，这是字面的理解，在编程中，数组是同一类型数据的集合。数组的数据可以是整数、字符串，或者其他类型的数据集合，只要类型相同就能组成数据的集合：数组。

同学们，大家都创造了属于自己的关卡了吗？

创造了，老师，我把学的知识都用上了。

非常棒！今天还有一个新知识要介绍给大家。

哦，是什么呢？

是数组，可以理解为数的组合，但要求是同一种类型的数的组合。

哦，我有些明白了，比如1、2、3、4就可以放到一起组成数组。

对！

又比如a、b、c、d也可以组成数组，但是1、2、a、c就不能放到一起组成数组。

理解的非常正确。

老师，数组里面的数据能重复吗？比如有两个1。

这是允许的，数组中的每个数又叫作数组元素，数组元素是可以相同的，具体的内容会在后面给大家一一讲解。

14.1 定长数组

定长数组是指数组长度不可以变化的数组，这样的数组在定义后，不可以添加或删除数组中的元素。

 定义数组

数组就是同一类型数据的集合，可以是整数的集合、小数的集合，也可以是字符串的集合，基本数据类型都可以定义为数组。

语法：

数据类型[] 数组名 = new 数据类型[] {元素1, 元素2, …};

定义数组时，先要声明数组的数据类型，然后在数据类型后面紧接中括号 []，表示这是一个"某某数据类型的数组"。在等号后使用关键字 new 来实例化数组，大括号中的数据就是数组的元素。

以整数数组为例，定义一个名为 xList 的整数数组，数组中有 4 个元素，分别是 0、1、2 和 3。

```
int[] xList = new int[] {0,1,2,3};
```

在代码中定义了一个定长数组 xList，int 表示数组的类型是整数，后面的中括号表示这是一个数组。大括号中的内容就是数组的元素，分别是 0、1、2 和 3。

语法：

数据类型[] 数组名 = new 数据类型[数组长度];
数组名[索引] = 元素;

……

数组的另一种定义方法是"先定义，后添加数据"。如果采用这样的方法，需要在关键字 new 后面的中括号中声明数组的长度。然后使用"数组名 [索引] = 元素"的方式给数组赋值。

在数组中，每个数组元素都有自己的位置，每个位置都有自己的标志，这个标志就是"索引"。索引从 0 开始，到数组长度减 1 结束，因此索引的范围是（0，数组长度 – 1）。

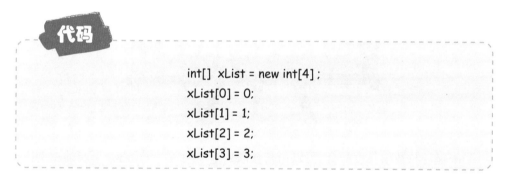

```
int[]  xList = new int[4];
xList[0] = 0;
xList[1] = 1;
xList[2] = 2;
xList[3] = 3;
```

代码中定义了一个整数数组 xList，初始的长度为 4。在第一行代码执行完毕后，数组 xList 的每个元素都被初始化为 0。数组 xList 的索引从 0 到 3，使用"索引"对数组的每个元素赋值。

 数组长度

数组长度，可以理解为组成数组元素的数量。例如，一个数组由 5 个整数组成，那么这个数组的长度就是 5。定长数组的长度使用属性 Lenth 来获取。

语法:

数组名.Lenth
功能：获取定长数组的长度
说明：仅限定长数组使用

下面的代码中定义了数组 xList，使用 log() 方法显示数组的长度。

代码

```
int[] xList = new int[] {1,2,3};
log($"xList Lenth:{xList.Length}");
```

日志区显示：

xList Lenth:3

for 循环与数组长度配合，可以用来获取数组中的每一个元素。下面的示例中，数组 xList 由 6、7、8 组成，在日志中显示每一个元素。

代码

```
int[] xList = new int[] {6,7,8};
for (int i = 0; i < xList.Length; i++)
{
    log($"xList item : {xList[i]}");
}
```

日志区显示：

xList item : 6

xList item : 7

xList item : 8

数组 xList 由 3 个元素 6、7、8 组成，数组长度为 3。如果将 for 循环的开始条件 i 设置为 0，结束条件设置为数组的长度，for 循环就可以遍历整个数组，xList[i] 可以表示数组中的每个元素。

 foreach 循环

foreach 循环是 for 循环的简化写法，在某些情况下可以代替 for 循环。foreach 循环的写法简单，适合循环迭代数组中的每个元素。

语法：

```
foreach (var 元素变量 in 数组名)
{
}
功能：循环遍历数组中的元素值
```

foreach 循环不用定义循环的次数，而是根据数组的长度来决定循环次数。关键字 in 后面是要遍历的数组，前面的元素变量代表循环过程中数组的每一个元素的值。

下面示例中的数组 xList 由 6、7、8 组成，使用 foreach 在日志中显示每一个元素。

代码

```
int[] xList = new int[] {6,7,8};
foreach (var x in xList)
{
    log($"xList item : {x}");

}
```

日志区显示：
xList item : 6
xList item : 7
xList item : 8

　　foreach 循环每运行一次，x 将自动变为 xList 数组中的下一个元素，直到没有数据可用。这样，x 在第 1 次循环中等于数组第 1 个元素 6；第 2 次循环中等于数组第 2 个元素 7；第 3 次循环中等于数组第 3 个元素 8。

(14.1.4) Position 数组

　　Position 是系统提供的位置信息表述方法，能够更加简洁地描述位置坐标信息。例如，创建一个位置为（3，5）的坐标。

代码

```
var position = Position(3, 5);
```

有了 Position 类型，就可以定义 Position 数组，用来存储多个位置信息。

```
var posList = new Position[2];
posList[0] = new Position(0,0);
posList[1] = new Position(1,1);
```

上面的例子创建了一个 Position 数组 posList，里面有两个 Position 类型的数据，索引 0 存储的信息是（0，0），索引 1 存储的信息是（1，1）。

14.2 变长数组

定长数组的元素数量无法修改，缺少一定的灵活性。变长数组是指数组长度可以变化的数组，可以在数组定义后，动态地添加或删除数组中的元素。

14.2.1 定义数组

变长数组也是同一类型数据的集合，但定义方法与定长数组是不同的。

> 语法：
>   List<数据类型> 数组名1 = new List<数据类型>(){元素1，元素2，元素3 …};
>   List<数据类型> 数组名2 = new List<数据类型>();

变长数组使用关键字 List 表示，数据类型放在后面的尖括号中。变长数组可以在定义的时候初始化数组的元素，也可以只定义一个空数组。

```
List<string> letters1 = new List<string>() {"A","B"};

List<string> letters2 = new List<string>() ;
```

代码中定义了两个变长字符串数组，数组 letters1 在定义时初始化数组的两个元素，数组 letters2 定义了一个空字符串数组。

尖括号中的 string 表示字符串类型。字符串类型的数据是一组字符，可以是一个单词，例如 WORK、GO；也可以表示一个字符或字母，例如 A、W。字符串类型的数据在使用的时候要加双引号，代表这个数据是字符串。

(14.2.2) 添加元素

在定义变长数组后，就可以使用 Add() 方法向数组中添加元素。

语法：
数组名.Add(新元素)
功能：向数组尾部添加新元素
说明：数组必须是变长数组

Add() 方法要在数组名后使用"点操作"，向数组中添加的新元素必须与数组定义的数据类型一致。

```
List<string> letters = new List<string>() {"A","B"};

letters.Add("C");
```

变长数组 letters 初始化后数组数据为 {"A", "B"}，Add() 命令向数组中添加一个字母 C，这个字母会添加在数组的最后面，添加后的数组数据为 {"A", "B",

"C"}。

Add() 命令只能在数组的尾部追加元素，就是按顺序排在数组数据的最后面。如果需要在数组中的任意位置添加元素，就需要使用 Insert() 命令。

> 语法：
> 　　数组名.Insert(索引位置，新元素)；
> 　　功能：向数组指定位置添加新元素
> 　　说明：数组必须是变长数组

Insert() 命令需要两个参数，第 1 个参数是索引位置，第 2 个参数是新元素。在插入新元素后，插入位置后的元素都后移一个位置。需要注意的是，索引位置只能在（0，数组长度 − 1）的范围之间，否则就会因为超出数组索引范围而引发错误。

```
List<string> letters = new List<string>() {"A","C"};
letters.Insert(1, "B");
```

变长数组 letters 初始化后数组数据为 {"A", "C"}，Insert() 命令向数组索引为 1 的位置添加一个字母 B，添加后的数组数据为 {"A", "B", "C"}。

 删除元素

变长数组不仅可以添加元素，也可以删除元素。删除元素需要使用 RemoveAt() 命令。

> 语法：
> 　　数组名.RemoveAt(索引位置)
> 　　功能：从数组指定位置删除元素
> 　　说明：数组必须是变长数组

RemoveAt() 命令只需要一个参数，即索引位置，索引位置只能在（0，数组长度 – 1）的范围内。在删除元素后，数组删除元素位置后面的元素都向前移动一位。

```
List<string> letters = new List<string>() {"A","B","C"};
letters.RemoveAt(0);
```

变长数组 letters 初始化后数组数据为 {"A", "B", "C"}，使用 RemoveAt() 命令删除了索引为 0 的数组数据 A，删除后的数组数据为 {"B", "C"}。

14.2.4 数组长度

定长数组使用属性 Length 来获取数组长度，而变长数组则需要使用属性 Count 来获取数组的长度。

```
语法:
    数组名.Count
    功能：获取变长数组的长度
    说明：仅限变长数组使用
```

下面的代码中定义了变长字符串数组 letters，使用 log() 方法显示数组的长度。

代码

```
List<string> letters = new List<string>() {"A","B"};

Log($ "lettersCount:{letters.Count}");
```

日志区显示：

lettersCount : 2

14.3 索引越界

定长数组和变长数组的索引范围都是（0，数组长度 − 1）。当使用数组索引超出索引范围，就会造成索引越界。下面以变长字符串数组 letters 为例，说明什么情况会导致索引越界。

代码

```
List<string> letters = new List<string>() {"A","B","C"};
var letterA = letters[0];
var letterB = letters[1];
var letterC = letters[2];
var letterD = letters[3]; ✘
```

变长数组 letters 初始化后数组数据为 {"A", "B", "C"}，数组的长度为 3，因此，数组的索引范围是（0，2），可以使用的索引值包括 0、1、2。

代码中出现错误的地方，使用了索引值 3，表示要访问数组中第 4 个位置的数据。但数组 letters 中没有第 4 个数据，因此对数据的访问产生了"越界"。

数组可以通过索引来访问数组中的元素，就像使用任何其他变量一样。但索引不能超过索引范围，否则会引发索引越界错误，这种错误会导致程序无法运行。

14.4 随机函数

随机函数是系统提供的函数，可以在指定范围内随机挑选一个数，例如在 1 到 9 之间随机挑选一个整数。由于随机函数的特点，使用随机函数可以在代码运行时产生不确定的结果。

语法：
> var 变量名 = Random.Range(最小值, 最大值);

随机函数 Random.Range() 的两个参数分别表示数据范围的最小值和最大值。在随机函数的选择结果中是可以包含最小值的，但不能包含最大值。

```
var num = Random.Range(1, 7);
```

示例代码中使用随机函数 Random.Range() 在 1 到 7 之间随机选择一个整数。变量 num 可能的结果范围是（1、2、3、4、5、6），这里需要注意，最大值 7 是不在结果范围中的。

同时使用随机函数和数组，就可以在一个字母表中随机挑选一个字母。

```
string[] letterSet = new string[]{"A","B","C","D","E","F"};
var letter = letterSet[Random.Range(0, 6)]);
```

代码中字符串数组 letterSet 中共有 6 个字母，随机函数 Random.Range() 的第 1 个参数是 0，第 2 个参数是 6，因此可能产生的随机数包括 0、1、2、3、4 和 5。随机数的范围刚好是数组的索引范围，因此不会产生索引越界。

14.5　关卡案例

14.5.1　影子主角

关卡编号：13-1

关卡难度：*

通关条件：动态条件。

关卡目标：每个砖块上放置一个主角。

关卡 13-1 场景图如图 14.1 所示。

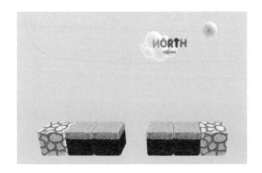

图 14.1　关卡 13-1 场景图

场景中一共有 6 个砖块，过关条件就是每个砖块上初始化一个主角。使用数组可以简化位置坐标的表示，帮助大家完成主角的初始化。

```
int[] xList = new int[] {0,1,2,4,5,6};

for(int i = 0 ;i < 6; i++){
  var x = xList[i];
  var y = 0;
  var child = new Child( x, y);

}
```

 foreach 循环

 关 卡 说 明

关卡编号：13-2

关卡难度：*

通关条件：动态条件。

关卡目标：使用 foreach 循环在每个砖块上放置一个主角。

关卡 13-2 场景图如图 14.2 所示。

本关卡的目标是使用 foreach 循环在每个砖块上放置一个主角。

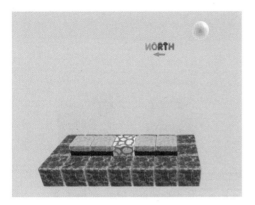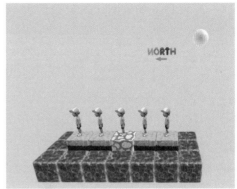

图 14.2 关卡 13-2 场景图

```
int[] xList = new int[] {1,2,3,4,5};

foreach (var x in xList )
{
 var child = new Child(x, 1);
}
```

14.5.3 三层堆叠

关卡说明

关卡编号：13-3

关卡难度：**

通关条件：动态条件。

关卡目标：在每个石头砖块上放置 3 层砖块。

关卡 13-3 场景图如图 14.3 所示

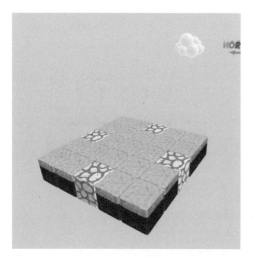

图 14.3　关卡 13-3 场景图

本关卡的目标是找到平台上的 4 个石块，并在每个石块上放置 3 个砖块。可以创建 Position 数组，并把 4 个石块的位置信息加入数组中使用。

```
var posList = new Position[4];
posList[0] = new Position(0,2);
posList[1] = new Position(2,4);
posList[2] = new Position(4,2);
posList[3] = new Position(2,0);

foreach(var pos in posList){
  for(int i = 0 ;i< 3;i++){
    var cube = new Cube(pos.x, pos.y);
  }

}
```

代码中将 4 个砖块的坐标组成一个 Position 数组，使用 foreach 循环迭代这些坐标位置，并使用 for 循环堆叠 3 个砖块。

14.5.4 变长数组

关卡编号：13-4

关卡难度：*

通关条件：动态条件。

关卡目标：添加字母，按顺序排列 ABCD。

关卡 13-4 场景图如图 14.4 所示。

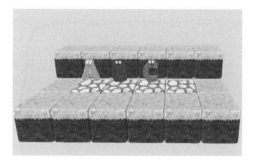
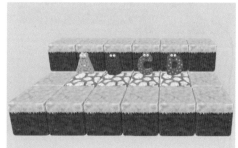

图 14.4 关卡 13-4 场景图

本关卡的任务是添加字母，使字母的排列顺序为 ABCD。这一关给出提示代码，可以看到显示的字母排列顺序是 ABC，因此只要在数组元素后面添加字母 D，就可以完成本关任务。

提示代码

```
List<string> letters = new List<string>() {"A", "B", "C"};

show(letters);
```

本关卡给出了一个新命令 show()，这个命令可以在方砖上显示一排字母。show() 命令接受的参数是字符串数组，数组的内容必须由字母组成，就像提示代码中展示的样子。

```
List<string> letters = new List<string>(){"A","B","C"};
letters.Add("D");
show(letters);
```

14.5.5 删除元素

 关卡说明

关卡编号：13-5

关卡难度：**

通关条件：动态条件。

关卡目标：删除和插入字母，按顺序排列 ABCD。

关卡 13-5 场景图如图 14.5 所示。

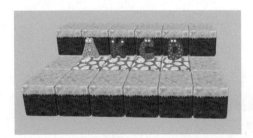 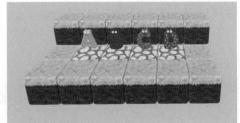

图 14.5 关卡 13-5 场景图

本关卡的任务是正确排列字母，初始字母顺序是 AKCD，需要将字母排序顺序调整为 ABCD。尝试删除数组中某些元素，再添加某些元素来完成关卡任务。

```
List<string> letters = new List<string>() {"A","K","C","D"};
show(letters);
```

代码

```
List<string> letters = new List<string>() {"A","K","C","D"};
letters.RemoveAt(1);
letters.Insert(1, "B");
show(letters);
```

只要删除字母 K，并在索引 1 的位置添加字母 B，就可以将字母排列成 ABCD 的顺序。

(14.5.6) 索引越界

关卡说明

关卡编号：13-6

关卡难度：**

通关条件：动态条件。

关卡目标：修改错误的索引，按顺序排列 ABC。

关卡 13-6 场景图如图 14.6 所示。

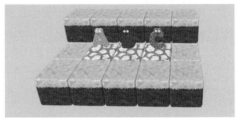

图 14.6　关卡 13-6 场景图

本关卡的任务就是在"提示代码"中找到错误。因为有索引越界的错误，提示代码是无法运行的。

大家仔细观察代码，找到这个错误并修复它。

提示代码

```
string[] letterSet = new string[] {"A","B","C","D","E","F"};
var letterA = letterSet[0];
var letterB = letterSet[1];
var letterC = letterSet[12];

List<string> letters = new List<string>();
letters.Add(letterA);
letters.Add(letterB);
letters.Add(letterC);
show(letters);
```

代码

```
string[] letterSet = new string[]{"A","B","C","D","E","F"};
var letterA = letterSet[0];
var letterB = letterSet[1];
var letterC = letterSet[2];

List<string> letters = new List<string>();
letters.Add(letterA);
letters.Add(letterB);
letters.Add(letterC);
show(letters);
```

代码中的数组 letterSet 可以使用的索引包括 0、1、2、3、4 和 6。letterSet[12] 使用的索引为 12，显然超出了索引范围，产生了索引越界，因此将 12 调整为 2，代码就正确了。

(14.5.7) 随机数

关卡编号：13-7

关卡难度：***

通关条件：动态条件。

关卡目标：随机生成 6 个字母。

关卡 13-7 场景图如图 14.7 所示。

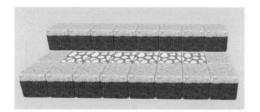 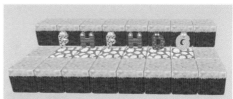

图 14.7　关卡 13-7 场景图

本关卡的要求是在字母表中，随机选择 6 个字母显示在砖块上面。

提示代码

```
string[] letterSet = new string[] {"A","B","C","D","E","F","G","H","I","J"};
List<string> letters = new List<string>();
show(letters);
```

提示代码中给出了基础字母表 letterSet，这个数组的内容可以修改成其他字母，但不要使用数字和特殊符号。

代码

```
string[] letterSet = new string[]{"A","B","C","D","E","F","G","H","I","J"};

List<string> letters = new List<string>();
for(int i = 0; i<6; i++){
    letters.Add(letterSet[Random.Range(0, 10)]);
}

show(letters);
```

代码中使用了 Random.Range() 随机函数，每次从字母表中随机选择一个字母加入变长数组 letters。

14.6　本章总结

本 章 总 结

掌握技能：数组

关卡数量：7

总完成度：100%

本章介绍了定长数组和变长数组的使用方法，包括数组创建、获取数组长度和如何防止数组越界。变长数组可以改变数组的内容，因此重点介绍了如何添加和移除数组元素。随机数增加编程的趣味性，让数字的选择变得不确定。

习 题

1. 以下哪部分代码是正确的？（　　　　）

A. int[] xList = new int[] {0,1,2,3};　　B. int[] xList = new int{} [0,1,2,3];

2. 以下哪部分代码会在日志区显示 xList : 3？（　　　）

A. int[] xList = new int[] {6,7,8};　　B. int[] xList = new int[] {6,7,8};

　　log($ "xList : {xList.Length}");　　　　log($ "xList : {xList[1]}");

3. 以下哪部分代码是正确的？（　　　）

A. var posList = new Position[];　　B. var posList = new Position[2];

　　posList[0] = new Position(0,0);　　　posList[0] = new Position(0,0);

　　posList[1] = new Position(1,1);　　　posList[1] = new Position(1,1);

4. 以下哪部分代码可以在砖块上显示 3 个字母 ABC？（　　　　）

A. List<string> letters = new List<string>() {"A", "B", "C"};

　　show(letters);

B. List<string> letters = new List<string>() {"ABC"};

　　show(letters);

5. 以下哪部分代码运行后 letters 是 {"A","B","C"}？（　　　）

A. List<string> letters = new List<string>() {"A","C"};

　　letters.Insert(1, "B");

B. List<string> letters = new List<string>() {"A","C"};

　　letters.Add("B");

6. 以下哪部分代码运行后 letters 是 {"A"}？（　　　）

A. List<string> letters = new List<string>() {"A","C"};

　　letters.RemoveAt(0);

B. List<string> letters = new List<string>() {"A","C"};

　letters.RemoveAt(1);

7. 以下哪部分代码是正确的？（　　　）

A. int[] xList = new int[] {0,1,2,3};

　var one = xList[3];

B. int[] xList = new int [0,1,2,3];

　var one = xList[4];

8. 以下哪部分代码可能在随机数中产生数字3？（　　　）

A. var num = Random.Range(0, 3);　　B. var num = Random.Range(0, 4);

附录 A　知识点

命令代码

命 令 代 码	功　　能
move();	向前移动一步
move(n);	向前移动 n 步
take();	收集南瓜
left();	向左转
toggle();	按开关
right();	向右转

状态代码

状 态 代 码	功　　能
isOnReward	是否有南瓜
isOnOpenSwitch	是否有打开状态的开关
isOnCloseSwitch	是否有关闭状态的开关
isMoveBlock	是否前方受阻
isLeftBlock	是否左侧受阻
isRightBlock	是否右侧受阻

函数格式

无　参　数	有　参　数

void FunName()
{
　命令代码；
}
	void FunName(参数1, 参数2, …)
	{
	　命令代码；
	}

for 循环格式

for 循 环

for (int i = 0; i < 3; i++)
{
    命令代码；
}

if 判断格式

if 判 断

if (isOnCloseSwitch)
{
    命令代码；
}

逻辑运算符

状 态 代 码	功 能
!	非运算
$$	与运算
||	或运算

while 循环格式

while 循 环

while(isOnCloseSwitch)
{
    命令代码；
}

变量

变　　量
var rewardCount = 0;
int switchCount =0;
rewardCount = rewardCount + 1;
switchCount += 1;

显示命令

显　示　命　令
log($"isOn:{isOnReward}");

初始化专家

命　令　代　码	功　　能
var expert = new Expert();	初始化专家
expert.turnUp();	升起冰块
expert.turnDown();	降下冰块

初始化主角

命　令　代　码	功　　能
var child = new Child();	初始化主角
child.jump();	跳跃

方向枚举

命　令　代　码	功　　能
Direction.west	西

续表

命 令 代 码	功　　能
Direction.east	东
Direction.north	北
Direction.south	南

颜色枚举

命 令 代 码	功　　能
Color.blue	蓝色
Color.pink	粉色
Color.yellow	黄色
Color.green	绿色

创造世界

命 令 代 码	功　　能
var cube = new Cube(1,1);	创造砖块
var gate = new Gate(Color.blue, 2, 2, 5, 5);	创造传送门
var stair = new Stair(3, 2, Direction.east);	创造阶梯
var reward = new Reward(2,0);	创造南瓜
var mySwitch = new Switch(2,2);	创造开关

数组

命 令 代 码	功　　能
int[] xList = new int[] {0,1,2};	定长数组
List<string> letters = new List<string>(){"A","B","C"};	变长数组
letters.Add("D");	添加元素
letters.RemoveAt(1);	移除元素
letters.Insert(1, "B") ;	插入元素

随机数

命 令 代 码	功　　能
Random.Range(0, 10);	产生 [0,10) 之间的随机数

附录 B 习题答案

第 1 章 简介

无

第 2 章 命令

1. 答案：A。

每行代码在结束时要使用分号，没有分号作为结束的代码是不正确的。

2. 答案：B。

主角每向前走一步，都要执行一次 move() 命令，因此走两步要连续运行两次 move() 命令，然后再调用 take() 命令收集南瓜。

3. 答案：B。

命令是区分大小写的，前进命令 move()、左转命令 left() 和收集命令 take() 中的字母都是小写的。

4. 答案：A。

先左转就要先调用 left() 命令，然后再调用前进命令 move()。

5. 答案：B。

处于"关闭"状态的开关，在第一次执行开关命令后会变为"打开"状态，在第二次执行开关命令后会变为"关闭"状态。

6. 答案：B。

传送门不能改变主角的前进方向，也就是说，进入传送门和离开传送门，主角的前进方向是不改变的。

7. 答案：B。

即使编程经验再丰富的开发人员，也很难一次写出完全正确的代码，都需要多次修改代码中的问题。

第3章 函数

1. 答案：A。

两次左转刚好可以将主角的朝向转到相反的方向。

2. 答案：B。

函数一旦定义，就可以多次调用，而不是只能调用一次。

3. 答案：A。

在函数名称后面一定要有小括号，否则函数结构不完整。

4. 答案：A。

函数定义和函数调用是没有先后顺序的，也就是说，无论函数定义放在哪里，函数调用都可以正常运行。

5. 答案：A。

一般大的问题都难以解决，所以通用的方式是把大的问题分解成小的问题来解决。

6. 答案：A。

函数可以在定义时调用之前定义的其他函数。

7. 答案：A。

函数名称最好可以表明函数的用途，因此 A 答案的命名方式更好。

第4章 for 循环

1. 答案：B。

答案 A 小括号中缺少 int，int 表示变量 i 是整数，是必须写的。

2. 答案：B。

答案 A 循环的次数是两次，i 会分别等于 1、2；答案 B 循环的次数是三次，i 会分别等于 0、1 和 2。

3. 答案：A。

答案 B 是不会执行大括号中的代码，因为循环条件是 i 大于 4，i 的初始值是 0，就不符合循环条件，所以循环内部的代码是不会运行的。

4. 答案：B。

答案 A 在 i 等于 6 时，满足 i 小于 7 的循环条件，却不能满足 i 小于 6 的循环条件。

5. 答案: A。

答案 B 在 i 等于 0 时, 满足 i 大于或等于 0 的循环条件, 却不能满足 i 大于 0 的循环条件。

第 5 章　if 判断

1. 答案: A。

isOnCloseSwitch 表示开关处于关闭状态, 这个条件成立时, 会执行 toggle() 命令打开开关。

2. 答案: B。

isOnOpenSwitch 表示开关处于打开状态, 这个条件成立时, 会执行 toggle() 命令把开关关闭。

3. 答案: B。

if 语句中, 写在前面的条件是先进行判断的, 写在后面的条件是后进行判断的。

4. 答案: A。

答案 B 只是判断当前砖块上是否有南瓜并收集, 但没有让主角前进的代码。

5. 答案: B。

答案 B 的 else 语句保证第一个条件不满足时, 就可以执行前进一步的代码。

6. 答案: B。

答案 B 的 if 和 else 语句可以在不满足条件 A 的情况下, 执行特定代码 2。

第 6 章　逻辑运算

1. 答案: B。

isOnReward 表示此位置有南瓜, 因此在其前面添加逻辑非运算符则表示此位置没有南瓜。

2. 答案: B。

这两个布尔变量是不一样的。!isOnOpenSwitch 表示可能在关闭的开关上, 也可能在一个南瓜上; isOnCloseSwitch 表示在关闭的开关上。

3. 答案：A。

isMoveBlock 表示主角可以前进一个砖块，而 !isMoveBlock 则表示主角不能前进一个砖块。

4. 答案：A。

逻辑与运算符 && 表示需要同时满足条件，因此答案 A 是正确的；而答案 B 是分别判断了南瓜的位置和主角左侧受阻的情况。

5. 答案：A。

答案 A 使用的是逻辑或运算符，表示多个条件，有一个条件成立即可运行特定代码；答案 B 使用的是逻辑与运算符，表示多个条件，所有条件都成立时才可以运行特定代码。

第 7 章　while 循环

1. 答案：A。

isMoveBlock 表示前方受阻，如果需要主角一直右转到前方受阻，那么在主角转身的过程中，主角前方是没有受阻的，因此正确答案是 A。

2. 答案：A。

!isMoveBlock 表示前方没有受阻，因此正确答案是 A。

3. 答案：A。

while 循环在循环条件满足时会一直执行代码块，适合于前进的步数和受阻情形不能确定的情况。

4. 答案：A。

isLeftBlock 表示受阻，在 while 循环中，可以表示左侧受阻的情况下，执行右转的命令。

第 8 章　算法

1. 答案：A。

"伪代码"确实不是真实的代码，可以用习惯的方式来书写，不限制是中文还是英文。

2. 答案：B。

"伪代码"不是真的代码,因此是不能运行的。

3. 答案:A。

"右手定则"是一种遍历算法,可以让主角沿着右侧的墙持续前进。

第9章 变量

1. 答案:B。

答案 B 在没有声明变量的情况下,直接使用变量是错误的。

2. 答案:A。

这两段代码分别是隐式声明变量和显式声明变量,初始值都是 1,因此两段代码效果是一样的。

3. 答案:A。

log() 命令是调试命令,主要用来显示变量的内容,因此并不会修改变量的值。

4. 答案:A。

在 log() 命令中,如果将变量放在双引号中,则按照字符串内容显示,就是说,答案 A 会显示 0,而答案 B 会显示 a。

5. 答案:B。

变量 counter 的初始值是 0,for 循环运行 3 次,答案 A 中变量 counter 每次递增 1,循环 3 次后 counter 的值是 3;答案 B 每次递增 2,循环 3 次后 counter 的值是 6。所以答案 B 是正确的。

6. 答案:A。

因为答案 B 的 log() 命令没有使用 $,大括号中的内容不视为变量,所以显示的内容是 a:{a},b:{b}。

7. 答案:B。

比较运算符不可以单独使用,只能用在 if() 判断和 while() 循环中。

8. 答案:A。

答案 A 在 while() 循环中判断变量 count 是否小于 5,在循环体中,主角每走一步都会增加 count。

9. 答案:A。

驼峰式命名法的第一个单词的第一个字母是小写,其他单词的第一个字母

　　是大写。

　10. 答案：A。

　　　答案 A 是小于，答案 B 是小于或等于，因此答案 A 是正确的。

　11. 答案：A。

　　　答案 A 中变量 count 的初始值是 10，减等 2 运算后，count 的值是 8。答
　　案 B 中变量 count 的初始值是 10，加等 2 运算后，count 的值是 12。

第 10 章　属性

　1. 答案：B。

　　　蓝色传送门是 blueGate，将其 isActive 属性设置为 true，就可以启动传送门。

　2. 答案：B。

　　　蓝色传送门是 blueGate，黄色传送门是 yellowGate。

第 11 章　初始化

　1. 答案：A。

　　　expert 是专家的实例名称，因此控制专家向前走一步应该是在实例名称上
　　调用 move() 命令。

　2. 答案：B。

　　　每调用一次 turnUp() 命令只会让场景中的冰块向上移动一次，因此需要调
　　用两次 turnUp() 命令。

　3. 答案：B。

　　　turnUp() 是向上移动冰块，turnDown() 是向下移动冰块，各调用一次会让
　　冰块回到原来的位置。

　4. 答案：A。

　　　创建专家和主角时，变量名称是不能相同的。

第 12 章　参数

　1. 答案：A。

函数定义时的参数，必须是显式声明的，也就是说必须说明类型，例如
int、bool 等，不可以使用隐式声明的方式。

2. 答案：A。

函数 leftBy() 定义时声明了一个整数型参数，因此在调用时，一定要给出
一个具体的整数值。

3. 答案：A。

expert 是专家的实例名称，因此控制专家向前走一步应该是在实例名称上
调用 move() 命令。

4. 答案：B。

系统提供的向前移动的命令是 move()，而不是 moveBy()。在 move() 命令
中传递参数就可以让主角移动多个砖块。

5. 答案：A。

如果不给出专家初始化的位置，专家将出现在默认位置（0，0）上，或者
出现在有红色箭头的位置。如果要指定专家初始化的位置，就要在构造函
数中给出坐标位置。

6. 答案：A。

Direction.east 表示朝向东面，Direction.west 表示朝向西面，所以答案是 A。

7. 答案：B。

专家是没有跳跃技能的，这个技能只有主角才有。

第 13 章　构造世界

1. 答案：A。

创建砖块是一定要给出坐标的，如果不给出坐标会导致错误。

2. 答案：B。

for 循环了 3 次，在指定的坐标上放置 3 块砖。while 循环 count 变量没有
递增，所以会无限循环下去，会在指定的坐标上放置无限多的砖块。

3. 答案：A。

Color.yellow 表示黄色传送门，Color.pink 表示粉色传送门，因此正确答案
是 A。

4. 答案：A。

初始化阶梯要使用 new 这个关键字。

第 14 章　数组

1. 答案：A。

   数组的形式是 int 后面用中括号表示数组，大括号中放入数据，所以正确答案是 A。

2. 答案：A。

   答案 A 显示的是数组长度，答案 B 显示的是数组第 2 个数据的内容。

3. 答案：B。

   在声明数组时，如果不能给出数组中的数据，就必须给出数组的长度。

4. 答案：A。

   show() 命令接受的参数有严格要求，数组中的每个元素只能是一个字母。

5. 答案：A。

   答案 A 的运行结果是 {"A","B","C"}，答案 B 的运行结果是 {"A","C","B"}。

6. 答案：B。

   删除索引 1 的数据，表示要删除第二个位置的数据，因此答案 B 是正确的。

7. 答案：A。

   答案 B 出现了索引越界，数组中有四个元素，索引值应该是从 0 到 3。

8. 答案：B。

   答案 A 能产生数字 0、1、2，答案 B 能产生数字 0、1、2、3，因此正确答案是 B。